职业教育智能制造领域高素质技术技能人才培养系列教材

移动机器人技术

主　编　何永艳

副主编　周　旭　王凯凯

参　编　赵彩虹　费亚军

U0240482

机械工业出版社

本书由从教多年的院校教师及经验丰富的企业工程师共同编写，内容包括移动机器人概述、移动机器人机械系统设计与零件认知、移动机器人零件建模与组装、移动机器人控制基础实践、移动机器人自动控制综合实践、移动机器人高阶认知与实践等。

本书适用于高等职业院校智能机器人技术、工业机器人技术、机电一体化技术、智能控制技术等装备制造大类中的多个专业。为方便教学，本书植入二维码微课，配有免费电子课件、任务拓展答案、模拟试卷及答案等。凡选用本书作为授课教材的教师，可登录机械工业出版社教育服务网（www.cmpedu.com），注册后免费下载电子资源。本书咨询电话：010-88379564。

图书在版编目（CIP）数据

移动机器人技术 / 何永艳主编 . -- 北京：机械工
业出版社，2024.8. --（职业教育智能制造领域高素质
技术技能人才培养系列教材）. -- ISBN 978-7-111
-76162-4

Ⅰ. TP242

中国国家版本馆 CIP 数据核字第 2024Y1V663 号

机械工业出版社（北京市百万庄大街 22 号　邮政编码 100037）
策划编辑：冯睿娟　　　　　　　　责任编辑：冯睿娟　赵晓峰
责任校对：李　杉　牟丽英　　　　封面设计：王　旭
责任印制：常天培

北京机工印刷厂有限公司印刷

2024 年 9 月第 1 版第 1 次印刷

184mm×260mm · 12.5 印张 · 315 千字

标准书号：ISBN 978-7-111-76162-4

定价：45.00 元

电话服务　　　　　　　　　　　网络服务

客服电话：010-88361066　　机　工　官　网：www.cmpbook.com

　　　　　010-88379833　　机　工　官　博：weibo.com/cmp1952

　　　　　010-68326294　　金　书　网：www.golden-book.com

　机工教育服务网：www.cmpedu.com

前言

　　移动机器人是当前科技发展及行业需求的产物，其集机械、电子、人工智能等多学科于一体，广泛应用于工业搬运、安保巡检、医疗康养、智能消杀、家庭服务、导览展示、军工等领域，在生产生活中扮演着越来越重要的角色。这使得社会对熟悉移动机器人设计、安装、调试、运行维护等技术技能人才的需求日益迫切。

　　本书融入了移动机器人新技术，具有系统性、层次性、拓展性、多学科交叉融合等特征，知识架构、工程实践、综合素养并重，紧密结合职业教育的特点。本书是与企业合作编写的，在内容编排上，本书采用了任务引领的设计方式，符合学生心理特征和认知、技能养成规律。本书主要以 STM32 基础款移动机器人和 ROS 高阶款 LEO 移动机器人为载体，包含移动机器人系统总体认识、基础款移动机器人组装及应用调试、移动机器人高阶实践及应用，共包含 6 个项目 27 个任务。

　　本书由何永艳任主编，周旭、王凯凯任副主编，赵彩虹、费亚军参与编写。具体分工如下：项目 1 和项目 2 由上海电子信息职业技术学院何永艳编写，项目 3 由常熟理工学院赵彩虹编写，项目 4 由昆山巨林科教实业有限公司费亚军编写，项目 5 由常熟理工学院周旭编写，项目 6 由上海电子信息职业技术学院王凯凯编写。

　　本书在编写过程中得到了上海电子信息职业技术学院、常熟理工学院、昆山巨林科教实业有限公司、上海飒智智能科技有限公司的大力支持，在此深表感谢。

　　由于编者水平所限，书中难免存在不妥之处，恳请同行专家和读者不吝赐教。

编　者

（续）

（续）

名称	二维码	页码	名称	二维码	页码
OV2640 设置		150	创建 ROS 功能包		168
ROS 发展历程		163	使用 ROS 节点		168
ROS 计算图级		166	使用 Launch 启动文件		170
创建工作空间		167			

目录

项目 1

移动机器人概述

随着科学技术的进步，早期用于汽车制造的工业机械臂已经在工业生产中随处可见。与此同时，一种新型机器人——移动机器人，其重要性和能力正在悄然增长。经过几十年的发展，在遍布世界的机器人实验室的研究场景中，移动机器人已经能够从一个位置自动运动到另一个位置，移动性赋予机器人一种新的与人互动的能力，并能帮助人类完成一些任务。

本项目包括移动机器人分类及行业应用及移动机器人系统构成。

任务 1.1　移动机器人分类及行业应用

▶ 任务目标

1）了解移动机器人发展历程。
2）了解移动机器人的行业应用。
3）了解移动机器人的分类。
4）了解移动机器人的关键技术。
5）锻炼专业文档检索与撰写能力及语言表达能力。
6）开拓国际视野，培养家国情怀，增强专业自信。

▶ 知识储备

移动机器人的研究始于 20 世纪 60 年代末期。斯坦福研究院（SRI）的 Nils Nilssen 和 Charles Rosen 等人，在 1966 年至 1972 年中研发出了取名 Shakey 的自主移动机器人（见图 1-1），目的是应用人工智能技术研究在复杂环境下机器人系统的自主推理、规划和控制能力。

移动机器人能在复杂环境下工作，是一种具有自行组织、自主运行、自主规划的智能机器人。它既可以接受人类指挥又可以运行预先编排的程序。移动机器人融合了机械工程、电气工程、信息工程、机电一体化、电

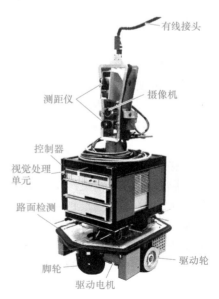

图 1-1　机器人 Shakey

子学、生物工程、计算机工程、控制工程、软件工程、人工智能及数学等领域的相关技术。多种技术的交叉融合成就了移动机器人，让它能够适应复杂的场地环境，能够具备更高的智能水平。通常所说的移动机器人亦可以看成由传感器、遥控器和自动控制的移动载体组成的采用遥控、自主或半自主的方式由人类对其控制的机器人。

一、移动机器人应用

移动机器人具有移动功能，在代替人从事危险、恶劣（如辐射、有毒等）环境下作业和人所不及的（如宇宙空间、水下等）环境作业方面，比一般机器人有更大的机动性、灵活性。所有有动物、人类或者机动车辆等在其中执行任务的环境，都是移动机器人潜在的工作场合。一般而言，使用移动机器人的一些主要原因如下：

1）质量更好。制造商可以提高产品质量，可能是源于更好的一致性、更易于检测或者更容易控制。

2）速度更快。由于生产效率的提高、停机时间的减少和资源消耗的降低，能够获得更高的生产力。

3）更安全。能够成为一种可行的替代选择，帮助人类免于不必要的风险。

4）成本更低。使用机器人可以减少经费开支。机器人的保养维修成本与对应的人力驱动设备相比低廉得多。

5）适应性更强。一些场景由于尺度或者环境未知等原因，人类不便于或者不能涉足，机器人具备很好的适应性。

随着移动机器人性能不断完善，其应用范围大为扩展，不仅在工业、农业、医疗、服务等行业中得到广泛的应用，而且在城市安全、国防和空间探测等领域得到很好的应用。下文简要介绍移动机器人的一些常见应用。

1. 制造领域

图 1-2 是移动机器人在制造领域的一种应用。移动机器人在制造业领域主要应用于生产线上下料的搬运，车间与仓库间的转运出入库以及作为生产线上的移动平台进行装配工作。近年来，移动机器人能在制造领域成为最受欢迎的"员工"，除了其他外界因素外，主要是因其能高效、准确、灵活并且没有任何情绪地完成"领导"下达的每项任务。

图 1-2　制造领域无人叉车

移动机器人组成柔性的物流搬运系统，搬运路线可以随着生产工艺流程的改变而及时调整，使一条生产线上能够制造出十几种产品，大大提高了生产的柔性和企业的竞争力。移动机器人在汽车制造厂，如本田、丰田、神龙、大众等汽车厂的制造和装配线上得到了普遍应用。同时，移动机器人的应用深入到电子电器、医药、化工、机械加工、卷烟、纺织、造纸等多个行业，生产加工领域成为移动机器人应用最广泛的领域。

2. 物流领域

移动机器人在物流领域主要应用于仓储中心货物的智能拣选、位移、立体车库的小车出入库以及港口码头机场的货柜转运。其中，亚马逊中心的 KIVA 机器人是仓储物流机器人中早期为人熟知的机器人，它们增加了仓库空间的容纳量，在中心使用 KIVA 系统能处理 50% 以上的库存。"地狼"（见图 1-3）是我国民营企业京东物流自主研发的一种自动物流机器人，它颠覆了传统"人找货"的拣选模式，变为"货找人"，工作人员只需要在工作台领取相应任务，等待"地狼"搬运货架至固定的工作站进行相应操作即可。"地狼"最高承重 500kg，作业过程包含小件货物仓储上架、拣选，依靠遍布地上的一个个二维码去规划、引导路径，再依靠自带的传感器避免碰撞，保证了"地狼"搬运货架来回穿梭、互不干扰，井然有序地工作，解决仓储人员作业时间长、奔袭路径长等问题，大大提高生产效率、节省人力成本，每小时的拣选效率在 400～500 件，在全国处于行业领先地位。

图 1-3　物流领域应用 AGV——地狼

3. 服务领域

目前活跃在服务领域的移动机器人主要有清洁机器人（见图 1-4），家用机器人，迎宾机器人，导购机器人，医疗机器人，快递运送服务机器人（见图 1-5），餐饮、医疗服务机器人（见图 1-6）等。服务机器人一般具有人脸识别、语音识别等人机交互功能，通过装载摄像头、托盘、智能触屏界面等，可实现迎宾取号、咨询接待、信息查询、业务引导、物品运送等业务，目前广泛应用于餐厅、银行、医疗、政务部门、酒店、商场等，代替或部分代替员工执行相应服务。

图 1-4　清洁机器人　　　　　　　　　　图 1-5　快递运送服务机器人

4. 其他领域

移动机器人也逐渐被推广到其他领域应用，如户外巡检、特种环境下作业运输等。图 1-7a 所示为一种空中电力巡检机器人，图 1-7b 为一种地面安全巡逻机器人，图 1-8 为一种火灾场景下的消防救援机器人。

a) 餐饮服务机器人

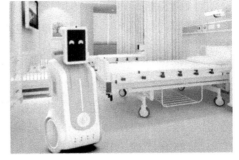
b) 医疗服务机器人

图 1-6　餐饮、医疗服务机器人

a) 空中电力巡检机器人

b) 地面安全巡逻机器人

图 1-7　巡检机器人

二、移动机器人分类

移动机器人可依据功能与用途、作业空间、移动方式等进行不同分类。按功能和用途可分为医疗机器人、助残机器人、清洁机器人、社交机器人、军用机器人等；按作业空间可分为陆地机器人、水下机器人、空中机器人等；按工作环境可分为室内移动机器人、室外移动机器人等；按移动方式可分为轮式移动机器人（见图 1-9）、步行式移动机器人（见图 1-10）、履带式移动机器人（见图 1-11）、爬行式移动机器人（见图 1-12）、蠕动式移动机器人

图 1-8　消防救援机器人

和游动式移动机器人等类型。通常在应用时按照功能与工作环境进行分类，而开展研究时，多从控制原理、移动方式等智能程度进行分类。

图 1-9　轮式移动机器人

图 1-10　步行式移动机器人

图 1-11　履带式移动机器人

图 1-12　爬行式移动机器人

三、移动机器人的关键技术

在移动机器人领域需要研究的问题非常多，其中环境感知、自主定位和路径规划是当下移动机器人技术的三大重点问题。

1. 环境感知

目前，在室内应用中，以激光雷达为主并借助其他传感器的移动机器人自主环境感知技术已相对成熟，而在室外应用中，由于环境的多变性及光照变化等影响，环境感知的任务更复杂，对实时性要求更高，使得多传感器融合成为机器人环境感知的重大技术任务。

环境感知

利用单一传感器进行环境感知大多都有其难以克服的弱点，但将多传感器有效融合，通过对不同传感器的信息冗余、互补，几乎能使机器人覆盖所有的空间检测，能够全方位提升机器人的感知能力。因此，利用多传感器融合来实现机器人对周围环境的感知成为各国学者研究的热点。比如激光雷达结合超声波、深度摄像头、防跌落等已成为智能移动机器人的一种常用的传感器融合方案。

使用多传感器构成环境感知技术可带来多源信息的同步、匹配和通信等问题，需要研究解决多传感器跨模态、跨尺度信息配准和融合的方法及技术。在实际应用中，并不是所使用的传感器种类越多越好。针对不同环境中机器人的具体应用，需要考虑各传感器数据的有效性、计算的实时性。

2. 自主定位

要实现移动机器人自主行走，自主定位是核心技术之

自主定位

一。GPS（Global Positioning，System，全球定位系统）可作为移动机器人一种自主定位方案，并且目前 GPS 在全局定位上已能提供较高精度，但 GPS 具有一定的局限性，在室内环境下会出现信号弱等情况，容易导致位置的丢失。近年来，SLAM（Simultaneous Localization And Mapping，同步定位与地图构建）技术发展迅速，提高了移动机器人的定位及地图创建能力，最早由 Hugh Durrant-Whyte 和 John J.Leonard 在 1988 年提出，它被定义为解决以下问题方法的统称：机器人从未知环境的未知地点出发，在运动过程中通过重复观测到的地图特征（比如，墙角、柱子等）来定位自身位置和姿态，再根据自身位置增量式地构建地图，从而达到同时定位和地图构建的目的。

3. 路径规划

路径规划

路径规划技术也是机器人研究领域的一个重要分支，旨在找出一种机器人行走的最优路径，即依据某个或某些优化准则（如工作代价最小、行走路线最短、行走时间最短等），在机器人工作空间中找到一条从起始状态到目标状态并且可以避开障碍物的最优路径。根据对环境信息的掌握程度不同，机器人路径规划可分为全局路径规划和局部路径规划。

全局路径规划是在已知的环境中为机器人规划一条路径，路径规划的精度取决于环境获取的准确度。全局路径规划可以找到最优解，但是需要预先知道环境的准确信息。当环境发生变化，如出现未知障碍物时，该方法缺乏适应性。它是一种事前规划，对机器人系统的实时计算能力要求不高，虽然规划结果是全局的、较优的，但是对环境模型的错误及噪声鲁棒性差。

局部路径规划则能很好适用环境信息完全未知或有部分可知的情景。局部路径规划侧重于考虑机器人当前的局部环境信息，让机器人具有良好的避障能力，通过传感器对机器人的工作环境进行探测以获取障碍物的位置和几何性质等信息。这种规划需要搜集环境数据，并且对该环境模型的动态更新能够随时进行校正，将对环境的建模与搜索融为一体，要求机器人系统具有高速的信息处理能力和计算能力，对环境误差和噪声有较高的鲁棒性，能对规划结果进行实时反馈和校正，但是由于缺乏全局环境信息，规划结果有可能不是最优的，甚至可能找不到正确路径或完整路径。

全局路径规划和局部路径规划没有本质区别，很多适用于全局路径规划的方法经过改进也可以用于局部路径规划，而适用于局部路径规划的方法同样经过改进后也可适用于全局路径规划。两者协同工作，机器人可更好完成起始点到终点的行走路径规划。

为解决机器人自主行走难题，国内针对环境感知、自主定位及路径规划等技术进行研究的企业不在少数，比如思岚科技研发的 Apollo 机器人，是机器人自主行走中较为成熟的产品。Apollo 机器人底盘搭载了激光测距传感器、超声波传感器、防跌落传感器等，在底盘之上配置深度摄像头传感器，同时配合自主研发的 SLAMWARE 自主导航定位系统，让机器人能够实现自主建图定位及导航功能。

近年来各国政府都非常重视机器人技术的发展，并投入了大量的资源激发机器人企业不断创新、开拓进取。相信未来，机器人将更好地成为日常生活的重要一员，为人类带来更为便捷的生活体验。

▶ 工程实践

一、调研实践基础概述

1. 调研工具

调研工作的开展，可通过国内外专业数据库、公共检索（搜索引擎）、国内外高校相关领域在线课程资源、国内外相关领域企业的官网、图书资源、权威专家专访、实地调研等途径来完成。

2. 调研结果呈现

调研结果呈现常采用调研报告（word 为主）、专题汇报（PPT 为主）、视频说明等方式。

其中调研报告的制作可参考科技文献制作方法，应合理规划报告的组织结构，注意层次性和逻辑性，同时注重科技内容的表达与格式规范，表达上切记不同于口语化表达，可综合运用文字、图片、表格、思维导图等多种方式来有效、准确呈现内容，格式上可参照模板要求制作。

本实践中调研 PPT 制作通常以图、动图、短视频为主，辅以简短文字说明，PPT 制作应整体规划组织结构，排版合理并力求美观，给阅读者以舒适体验，进而实现 PPT 内容的有效传递。

本实践中的视频制作主要是对工程实践的呈现，其流程可简单概括为整体规划、素材制作与收集、视频录制、视频剪辑与处理、声音、字幕等。可借助视频制作软件、在线会议屏幕录制、现场拍摄等方式完成视频制作。此流程适用于本书其他视频制作。

二、调研实践主题

1）调研机器人发展历程，分析不同时期机器人发展情况。

2）调研国内外 5 ～ 10 家不同应用领域的移动机器人研发企业，整理其主要产品的性能及行业应用情况，其中行业应用包含但不限于工业应用、日常生活、农业生产、商业应用等。

3）调研移动机器人关键技术国内外研究情况。

▶ 任务拓展

根据工程实践内容完成移动机器人研究报告一份，并制作 5 ～ 8min 的 PPT 材料及汇报视频。

任务 1.2　移动机器人系统构成

▶ 任务目标

1）掌握移动机器人的系统构成。

2）了解移动机器人各子系统对应的专业知识基础。

3）了解本书选用的两款移动机器人的基本功能与系统构成。

4）通过系统认知增强系统意识，提升专业认知。

5）通过软件安装提高自主解决问题的能力。

▶ 知识储备

移动机器人组成及工作原理

一、移动机器人系统的基本构成

移动机器人是一种典型的机电一体化系统，通常由机械、控制、感知三部分组成（见图 1-13）。机械部分由机械结构系统和驱动系统构成。控制部分由人—机交互系统和控制系统构成，感知部分由感知系统和机器人—环境交互系统构成。如果用人来比喻机器人组成的话，控制部分相当于人的大脑，感知部分相当于视觉与感觉器官，机械部分相当于肌肉和骨骼，驱动系统充当了肌肉，机械结构系统相当于骨骼。

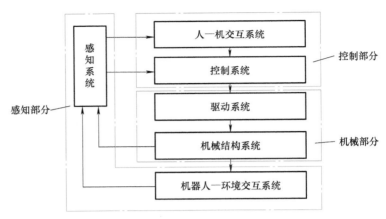

图 1-13　移动机器人系统的基本组成

由此，移动机器人的工作原理可简单概括为：控制系统发出动作指令，控制驱动系统动作，驱动系统带动机械本体运动，使末端执行器到达空间某一位置和实现某一姿态，实施一定的作业任务。末端执行器在空间的实际位姿由感知系统反馈给控制系统，控制系统将实际位姿与目标位姿相比较，发出下一个动作指令，如此循环，直到完成作业任务为止。

1. 机械系统

移动机器人在运动过程中通过驱动系统来驱动自身的运动，到达不同的地点执行任务。通过移动或转动机械本体来改变机器人的构型，进而完成相应的操作任务。

移动机器人的机械结构通常包含行走机构、支撑机构和末端执行机构。每个机构都有若干自由度，从而构成一个多自由度的机械系统。常见的行走机构包括轮式、足式、履带式及混合式。轮式中以两轮、三轮和四轮较为常见。支撑机构包括底盘框架、中间运动单元，如空间抬升机构、多轴云台等。末端执行机构根据实际任务确定结构形式，如消防救援机器人的末端执行机构为喷水装置，发球机器人的末端执行机构为球类发射装置，搬运类机器人的末端执行机构为机械臂、机械爪、机械吸盘等。

移动机器人的驱动系统主要用于驱动机械结构执行指定任务。驱动系统可与机械结构直接相连，也可通过传动部件如同步带、齿轮等与机械本体间接相连。以履带式移动机器人为例，左右两侧的履带各由一个电动机驱动，当两台电动机同步旋转时机器人直线前进，当两台电动机转速不同时机器人转弯。因此驱动系统必须有足够的功率来带动机械本体的运动，并且应满足轻便、经济、精确、灵敏、可靠以及便于维护等要求。

驱动系统根据驱动源的不同可分为电气驱动、液压驱动、气压驱动、新型驱动及复合驱动。其中，电气驱动是目前使用最多的一种驱动方式，其特点是无环境污染，运动精度高，电源取用方便，响应快，信号检测、传递与处理方便，控制方式多样且灵活。移动机器人中常用的电气驱动以伺服电动机、步进电动机为主，其中直流无刷电动机和舵机在移动机器人中应用较多。液压驱动方式在工业机器人中较为常见。气压驱动具有结构简单、动作迅速、空气来源方便、价格低、工作稳定性差、抓取力有限等特点，常常作为电气驱动的辅助方式出现。比如在机械臂的开合、机械吸盘的吸合、空间运动装置抬升等任务中，常采用气压驱动辅助电气驱动。随着科学发展，一些新型驱动方式正处于研究和发展阶段，如形状记忆合金、压电效应、人工肌肉、光驱动等，可以期待在未来的机器人技术中得以推广应用。

2. 控制系统

移动机器人的控制系统是以计算机控制技术为核心的实时控制系统，该系统通过软件系统、硬件系统的工作运行作业指令程序，通过与感知系统的交互实现与内、外环境的信息传递，实现对机械系统的运动控制，完成机器人设定任务和既定功能。

通常，可将移动机器人自主控制能力归纳为三个层级，即反应式自主、感知式自主、审慎式自主。其中，反应式自主主要负责车辆的驱动环节及运动状态，如转向角、速度或转速、运动姿态等，其控制主要是给予这些驱动器精确的能量，从而使它们快速输出正确且稳定的驱动力；感知式自主主要负责对当前周围环境的感知并做出实时响应，这一层是基于传感器的环境感知；审慎式自主主要负责长期任务的实现，根据环境模型和车辆模型进行机器人运动规划，这一层是基于定位与建图的智能规划。

通常，移动机器人控制系统是由机器人所要实现的功能、机器人的本体结构和机器人的控制方式决定。若机器人不具备信息反馈特征，则该控制系统称为开环控制系统；若机器人具备信息反馈特征，则该控制系统称为闭环控制系统。目前移动机器人的控制系统通常采用上、下位机二级分布式结构。上位机是指可以发出控制命令的计算机，在屏幕上显示各种数据信号，PC 是普遍应用的上位机。上位机发出的命令由下位机收取，下位机解析该命令并转化为相应的信号来控制设备；下位机会不断读取外接设备的状态数据，转换成数字信号传输给上位机；上位机负责系统的管理、运动学计算及轨迹规划等，下位机负责机械本体的运动控制及传感系统的信号交互。

控制系统的硬件系统设计时主要完成硬件选型、硬件电路实现以及与其他系统的交互接口设计等，包括供电部分（如电源及稳压模块）、动力部分（如电动机及电动机驱动）、控制单元（如 STM32 系列单片机、Arduino、MCS-51 系列单片机、PLC 等）等，可根据需要采用双核控制或单板控制。

控制系统的软件系统设计时主要完成软件架构、算法实现、信号通信、数据分析与处理、路径规划、运动控制及人机交互等。智能机器人的软件架构常采用基于 Ubuntu 的 ROS 机器人操作系统架构。

3. 感知系统

移动机器人为完成设定任务通常需要具备一定的功能，如语言交互、运动规划、运动控制、定位导航、对环境的理解等，这些功能的精准实现离不开感知系统的存在。移动机器人的感知系统是由内部传感器和外部传感器组成的，用于获取机器人自身内部和外部环境的有用信息。编码器、陀螺仪等内部传感器主要用于检测机器人的自身状态，获得机器人的位姿信息和运动状态，如位置、速度、加速度、倾角等，并将这些信息反馈给控制系统来更好控制机器人的自身状态。视觉、触觉、感觉、听觉等外部传感器，如红外、灰度、超声波、温湿度、雷达、视觉、力传感器等，用于感知外部世界进而采集与反馈外部信息，实现目标识别、避障、定位及路径规划等。

机器人系统设计时需综合考虑社会、环境、经济、人机、技术及工程等内外部因素，基于系统总体技术达成机械、控制、感知各系统的融合协同，以实现机器人的设定功能。

二、基于 ROS 系统的移动机器人系统构成分析

ROS（Robot Operating System，机器人操作系统）是用于编写机器人软件程序的一种具有高度灵活性的软件架构，其原型源自斯坦福大学的 Stanford Artificial Intelligence Robot（STAIR）和 Personal Robotics（PR）项目。ROS 包含了大量工具软件、库代码和约定协议，旨在简化跨机器人平台创建复杂、鲁棒的机器人行为这一过程的难度与复杂度。ROS 可视为一个分布式的进程（即"节点"）框架，这些进程被封装在易于被分享和发布的程序包和功能包中。ROS 也支持一种类似于代码储存库的联合系统，该系统可实现工程的协作与发布，可使工程的开发与实现不受 ROS 限制，从文件系统到用户接口完全独立决策，同时所有工程均可被 ROS 的基础工具整合在一起。ROS 设计者将 ROS 表述为" ROS = Plumbing + Tools + Capabilities + Ecosystem"，意在表达 ROS 是通信机制、工具软件包、机器人高层技能以及机器人生态系统的集合体。

基于 ROS 的移动机器人通常是一个集环境感知、行为控制与执行、动态决策与规划等功能于一体的综合系统，它集中了多学科领域的研究成果，既可以接受人类指挥又可以运行预先编写的程序，也可以根据以人工智能技术制定的原则纲领行动，是目前移动机器人活跃的领域之一。

ROS 移动机器人根据所需具备的感知、动作、规划及协同等能力确定其系统组成与结构，通过各系统协同实现运动位置控制、姿态轨迹规划、操作顺序管理、人机友好交互及多机通信与协同等功能，并能够支持移动机器人软件与系统的仿真、开发、测试验证等环节的开展。

图 1-14 所示为一种 ROS 移动机器人的系统架构，由机械系统、感知系统、基于 RTOS 的控制系统以及基于 ROS 的上层系统共同组成。

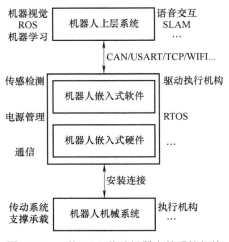

图 1-14　一种 ROS 移动机器人的系统架构

ROS 移动机器人最基本的机械系统需具备底盘模块以完成移动功能，上层执行模块

可根据需要选配。底盘模块是机器人传感器与控制单元的载体，其结构决定了机器人的基本运动形式；上层执行模块的结构形式取决于机器人的具体功能。ROS 移动机器人常采用电动机驱动方式来实现机器人的运动功能。

ROS 移动机器人常包含多种传感器以感知和识别对象与环境，其内部传感器主要包括位置、速度、加速度及力等传感器，外部传感器常选用激光雷达、视觉相机（单目或双目）等。

ROS 移动机器人控制硬件系统常包含底层控制模块和中央处理模块。底层控制模块主要用于传感器数据采集、数据解析、逻辑功能处理以及控制输出设备完成相应功能，如驱动电动机、控制 LCD 屏显示、控制数码管显示等。通过底层控制模块的工作，可以实现在机器人运动时对电动机的速度、机器人的位姿状态实时跟踪并加以反馈控制。中央处理模块通常安装有 ROS 机器人操作系统，以实现移动机器人的智能感知、认知理解、决策控制、任务协同等处理与管理任务。X86（Inter-NUC）、ARM（树莓派、Rockchip、Jetson）是中央处理模块常用的解决方案。

ROS 移动机器人控制软件系统常包括底层软件和操作系统层软件。底层软件常包括硬件控制和 ROS 层通信两部分，硬件控制部分包括 PWM 调速、编码器测试、PID 闭环控制等。操作系统层软件的主要功能是实现实时多任务调度与分布式实时通信、支持多模式人机交互，并支持机器人应用软件的高效开发，从而有效管理机器人硬件与软件资源。ROS 操作系统层通常需要计算机具备如图 1-15 所示的工作环境，包括 Linux 的 Ubuntu 系统、ROS 系统、ROS 功能包、SLAM 算法、导航算法、通信协议等。

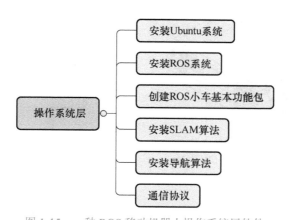

图 1-15　一种 ROS 移动机器人操作系统层软件

▶ 工程实践

本案例中的移动机器人可适应坡道、平地等地形，与地面有良好接触性，可实现平稳全向行走，具有循迹行走、避障行走、物料抓取、物料投递等功能。图 1-16 所示是一种基于 STM32 控制的移动机器人系统构成图，图 1-17 ～图 1-19 是该机器人的建模示意图。

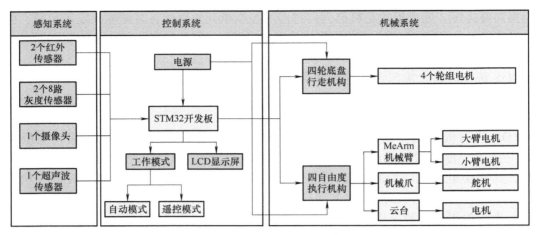

图 1-16 移动机器人系统构成图

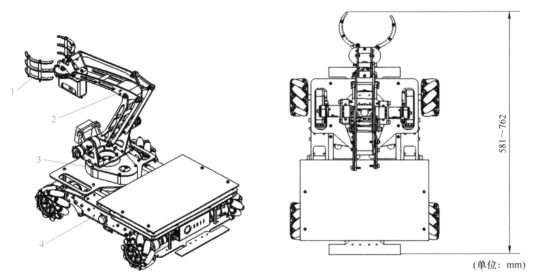

图 1-17 移动机器人示意图

图 1-18 移动机器人水平投影图

1—机械爪 2—机械臂 3—云台 4—四轮底盘

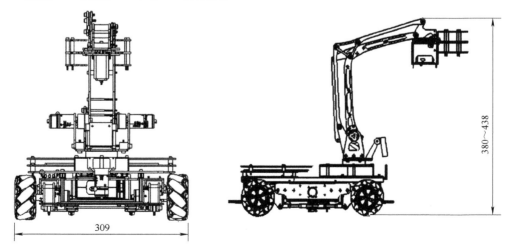

图 1-19 移动机器人正面及侧面投影图

1. 机械系统

该移动机器人的机械系统由四轮底盘行走机构和四自由度执行机构组成。四轮底盘行走机构采用四自由度的麦克纳姆轮搭载四轮联动机构的方案，四自由度执行机构采用机械臂旋转云台、平行四杆机构机械臂及舵机驱动机械爪的方案。

2. 控制系统

该移动机器人的控制系统基于 STM32 软件平台开发，通过与机械系统与感知系统的协同保障机器人正常运行。其硬件系统包括供电电池、STM32 主控板、中心板、遥控器、DR16 接收机及外设，硬件系统由 TB47 电池及电池架供电，TB47 电池内部集成了充放电管理功能的模块，能够稳定输出 24V 的电压，保障整机的供电安全。软件系统除了系统底层架构程序外，还设计了底盘运动解算算法、PID 闭环控制算法、机械臂伸张角度算法及自动运行算法，通过编程与调试使机器人能够实现手动控制与自动控制。机器人可通过 LCD 实时显示信息来实现人机交互。

3. 感知系统

感知系统是机器人自动控制时与外界信息交互的保障。为实现机器人自动运行时的顺畅行走，并完成循迹、避障与抓取投递等动作，该移动机器人采用了编码器（内置于电动机）、摄像头、灰度传感器、红外传感器及超声波传感器等多传感器融合的方案。

▶ 任务拓展

1）绘制移动机器人系统构成思维导图并录制解说视频。

2）绘制 ROS 机器人系统构成图并录制解说视频。

3）完成课程用机械基础软件 SolidWorks2022（本书中机械模型基于，SolidWorks2022 设计）、AutoCAD 的安装。

项目 2

移动机器人机械系统设计与零件认知

本项目包含移动机器人机械系统设计和移动机器人零件认知两个任务，旨在帮助读者建立移动机器人的系统认知和零件认知。通过系统设计帮助读者了解移动机器人系统设计的基本方法，熟悉移动机器人的模块化设计，并了解各模块的工作原理，培养系统设计与模块化设计的意识。通过移动机器人零件认知任务，帮助读者熟悉移动机器人零件构成，了解主要控制硬件的基本属性与功能，通过移动机器人物料清单的制作，熟悉机械结构件的模块构成、材料与规格、常用件及标准件的选用等，初步建立面向成本的设计意识。

任务 2.1　移动机器人机械系统设计

▶ 任务目标

1）掌握移动机器人系统设计基本方法与设计流程。
2）熟悉移动机器人四轮底盘的工作原理。
3）熟悉移动机器人机械臂的工作原理。
4）培养系统设计能力，树立模块化设计理念。

▶ 知识储备

一、移动机器人系统设计概述

1. 系统设计概述

系统设计是根据系统分析的结果，运用系统科学的思想和方法，综合运用各有关学科的知识、技术和经验，通过总体设计和详细设计等环节，设计出能最大限度满足所要求的目标（或目的）的新系统的过程。在系统开发过程或整个系统生命周期中，系统分析着重回答"做什么"的问题，而系统设计则主要解决"怎么做"的问题。

系统设计的内容包括确定系统功能、设计方针和方法，产生理想系统并做出草案，通过收集信息对草案做出修正产生可选设计方案，将系统分解为若干子系统，进行子系统和总系统的详细设计并进行评价，对系统方案进行论证并做出性能效果预测。

进行系统设计时，必须考虑所要设计的对象系统和围绕该对象系统的环境，前者称为内部系统，后者称为外部系统，它们之间存在着相互支持和相互制约的关系，内部系统和外部系统结合起来称为总体系统。因此，在系统设计时必须采用内部设计与外部设计相结合的思考原则，从总体系统的功能、输入、输出、环境、程序、人为因素、物的媒介各方面综合考虑，设计出整体最优的系统。进行系统设计应当采用分解、综合与反馈的工作方法。不论多大的复杂系统，首先要分解为若干子系统或要素，分解可从结构要素、功能要求、时间序列、空间配置等方面进行，并将其特征和性能标准化，综合成最优子系统，然后对最优子系统进行总体设计，从而得到最优系统。在这一过程中，从设计规划开始到设计出满意系统为止，都要进行分阶段及总体综合评价，并以此对各项工作进行修改和完善，整个设计阶段是一个综合性反馈过程。

系统设计通常应遵循系统性、经济性、可靠性、管理可接受性等原则。系统设计总的原则是保证系统设计目标的实现，并在此基础上使技术资源的运用达到最佳。

（1）系统性原则　系统是一个有机整体。因此，系统设计时，要从整个系统的角度进行考虑，使系统有统一的信息代码、统一的数据组织方法、统一的设计规范和标准，以此来提高系统的设计质量。

（2）经济性原则　经济性原则是指在满足系统要求的前提下，尽可能减少系统的费用支出。一方面，在系统硬件投资上不能盲目追求技术上的先进，而应以满足系统需要为前提。另一方面，系统设计中应避免不必要的复杂化，各模块应尽可能简洁。

（3）可靠性原则　可靠性既是评价系统设计质量的一个重要指标，又是系统设计的一个基本出发点。只有设计出的系统是安全可靠的，才能在实际中发挥它应有的作用。

（4）管理可接受性原则　一个系统能否发挥作用和具有较强的生命力，在很大程度上取决于管理上是否可以接受。因此，在设计系统时，要考虑到用户的业务类型、用户的管理基础工作、用户的人员素质、人机界面的友好程度、掌握系统操作的难易程度等诸多因素的影响。只有充分考虑到这些因素，才能设计出用户可接受的系统。

2. 移动机器人系统设计

移动机器人系统设计遵循系统设计的基本原理，以功能需求为系统设计的出发点和归属，以包括机械系统、控制系统、感知系统在内的组成部分为实现系统目标的重要基础，明确任务需求，分析外部系统，构建内部系统，最终通过组成部分的 3 个子系统的有机融合与整体优化进而实现系统方案的设计。

移动机器人系统设计的流程可概括为 4 个阶段：准备阶段（系统分析、系统总体设计）、理论设计阶段（子系统详细设计）、设计实施阶段（制作样机、样机性能测试、性能评估及设计优化）、设计定型阶段（产品发布）。

（1）准备阶段　在对市场调研和分析的基础上进行需求抽象，确定产品规格与性能指标；拟定总体方案，分解功能要素和子单元模块；进行方案可行性论证，确定最佳总体方案；确定子系统的设计目标和设计责任人。

（2）理论设计阶段　根据设计目标、功能要素和功能模块，对系统进行定性和定量分析，比如确定控制算法、硬件选型、传动方案、感知策略、接口设计、系统架构等，并对系统设计所能达到的性能指标和经济指标综合评价。

（3）设计实施阶段　根据总体方案和各功能模块的设计方案，进行机械、电气、驱动等器件与单元组件的采购、制造，对各子单元进行装配调试后进行整机装配与调试，测试整机性能指标，验证样机是否达到可使用性、可生产性、可维护性、安全性、可靠性、经济性等各项技术指标要求。

（4）设计定型阶段 对样机反复测试优化后，交付使用，经过一段时间综合验证与评价，确定最终产品设计方案，整理产品制造图样资料，审定产品标准，编制工艺文件，发布产品。

二、移动机器人机械系统详细设计

1. 设计需求分析

本案例设计一种移动机器人，它能够自主完成图 2-1 所示的给定场景中物料搬运及投递任务，给定场景中有坡道、引导路线、随机障碍物、无引导窄巷、直角转弯等地形与环境因素。机器人需能够在给定的地图中自主行走，到达物料摆放区域，自主识别并抓取物料，运送到收集区域并回到终点。

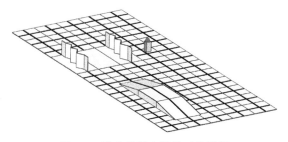

图 2-1 移动机器人简易工作场景

基于场景要求与工作设定，该机器人需要具备自主行走、避障、循迹、目标识别、抓取以及搬运投递等功能。

2. 性能指标分析

结合任务设定与场地形状及尺寸，机器人的机械性能可具体描述为：

1）底盘具有足够的动力和通过能力，能够精确运送上层结构至指定位置。

2）抓取部分具有较高的自由度，能够实现空间多位置的抓取和存放动作。

3）整体尺寸合理且重心稳定。

4）能够以一定的速度完成整场工作且无失误。

5）能够满足长时间使用。

性能指标可简要归纳为表 2-1 所列的相关设计参数。

表 2-1 移动机器人相关设计参数

整机结构及质量	
整机尺寸（最高处）	610mm × 300mm × 460mm
质量（含电池）	4.565kg
整机基础性能	
越障能力	小于 30° 斜坡，起伏范围 ≤20mm 的不平整路况
抓取高度范围	10 ~ 500mm
抓取机构最大抓取重量	300g
抓取机构自由度	四自由度
续航能力	2h
设定最大前进速度	2.5m/s

（续）

整机基础性能	
设定最大平移速度	1.5m/s
机械臂左右角度范围	180°
机械臂上下角度范围	约60°
机械臂前后角度范围	约120°
夹爪最大张开角度	约180°

3. 机械总体方案设计分析

根据性能指标及设定功能，可将机械系统设计分为行走功能的实现和机械臂抓取功能的实现两部分。

（1）行走功能的实现   在多种实际应用中，轮式移动机器人被广泛采用以实现机器人移动行走。轮式移动机器人相对于其他移动机器人，如腿式和履带式移动机器人，运动得更快，且消耗能量较少。同时，由于其机器人姿态的友好性和运动的稳定性，机器人整体移动速度、方向及动作实现相对较容易控制。轮式行走机构中三轮移动机器人和四轮移动机器人则更为常见（图 2-2），车轮类型通常根据实际工作场景需要选择，常用的有全向轮、麦克纳姆轮、胶轮、牛眼轮等（图 2-3）。

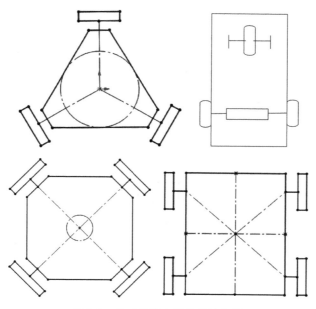

图 2-2   轮式机器人底盘常见布局

（2）机械臂抓取功能的实现   机械臂抓取功能的实现常采用气动驱动、电动机驱动两种方式。气动驱动在直线运动中有较强的优势，该驱动方式通常按固定程序执行对应动作。电动机驱动则可通过多电动机的组合搭载机械结构来实现控制，更有利于多自由旋转运动的实现和多状态动作的组合实现，适用场合多。机械臂的结构可采用多连杆机构、多关节组合等形式实现，抓取机构通常包括吸盘式、夹爪式等形式。机械臂通常通过云台模块连接于底盘移动行走机构。

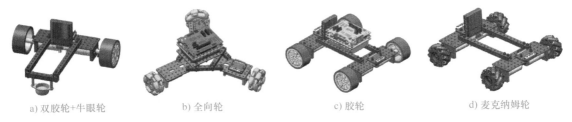

a) 双胶轮+牛眼轮　　　b) 全向轮　　　c) 胶轮　　　d) 麦克纳姆轮

图 2-3　常用轮子示意图

移动机器人
常用轮子

基于以上分析，此移动机器人最终采用如图 2-4 所示的四轮移动底盘行走机构搭载四自由度机械臂执行机构的机械系统实现方案。其中，底盘主要功能是将机械臂运送至指定位置实施抓取投递任务，其机械结构除移动轮组、悬挂以及支撑机械臂结构等外，还包含驱动系统、控制系统、红外传感器、灰度传感器、LCD 显示屏及电源；机械臂执行机构包含主体臂结构、机械夹爪、机械臂与移动底盘的连接云台、摄像头等。

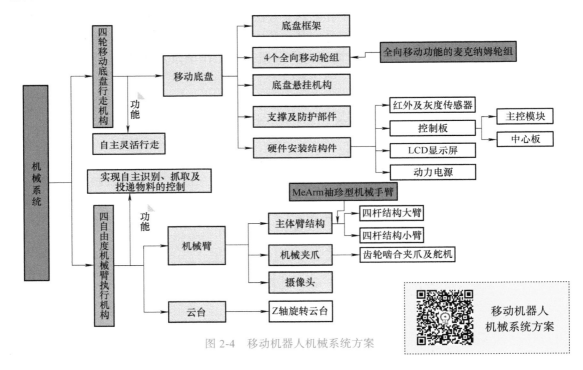

图 2-4　移动机器人机械系统方案

移动机器人
机械系统方案

▶ 工程实践

一、底盘行走机构设计分析

机器人底盘负责承载机械臂，并将其按照决策控制平台的控制指令可靠地运送至指定位置完成工作任务，其主要设计要求及功能如下：

1）具有可靠的机动灵活性，能够平稳攀爬斜坡。

2）具有一定的负载能力，在承载负载的情况下可匹配设定的性能指标。

3）具有一定的刚性及稳定性，能够支持机械臂，工作时无明显抖动。

4）具有较好的直线行走能力，在直线运动情况下不发生明显偏斜。

为实现上述功能，机器人底盘系统选用的方案主要包括四轴联动的麦克纳姆轮轮组、自适应底盘悬挂、支撑及防护部件、动力电源、控制板、红外传感器及灰度传感器的安装装置等。

1. 底盘结构整体设计

为实现机器人底盘直线和侧向移动，以高效可靠运送机械臂至指定位置，轮组部分采用具有全向移动功能的麦克纳姆轮组，具体布局如图 2-5 所示。

采用单电动机驱动单个麦克纳姆轮的方式即四轮驱动的控制模式，能够实现全向移动功能，同时能为大负载的运动平稳性提供可靠支撑。

2. 底盘轮组设计

轮组为底盘提供支撑并传递运动，为悬挂系统的良好运行提供保障，因而需要具有良好的刚度和转动灵活性。同时因麦克纳姆轮具有较大轴向力，需要轮组具有较高的轴向刚度和抗扭能力。

围绕以上分析，本机器人轮组在两板件间添加 3D 打印塑料填充件，以增加其轴向抗弯系数，在转动部位安装法兰轴承保障转动灵活，在轮组与底盘框架连接处安装推力球轴承，以保证轮组在轴向受力时能够灵活转动，具体如图 2-6 所示，该结构方案可保障轮组具备所需的系统性能。

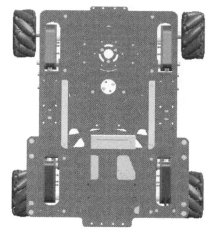

图 2-5　麦克纳姆轮组布局

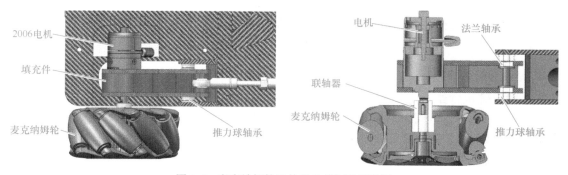

图 2-6　麦克纳姆轮组外观及其剖视示意图

3. 底盘悬挂设计

麦克纳姆轮便于机器人全向移动，但运动时会因四轮受力不均而产生运动偏斜，可能导致底盘不能准确按照指定路线行驶，出现一些不可控因素。因此为满足场地路面路况和坡道行走需求，底盘中设计了一套自适应悬挂系统。

该自适应悬挂系统通过连杆的方式，使单侧两轮组活式固连，形成一种如图 2-7 所示的四边形连杆结构。此方式使轮组具备较好的灵活性，能满足底盘通过不同路况的需求。但单侧连杆联动使车身本体相对于地面运动具有不确定性，容易受重心和惯性的影响发生倾斜，故而在两侧轮组间添加了一组如图 2-8 所示的联动连杆，将两侧的连杆运动相关联，使得两侧连杆的相对运动具有唯一性，从而使车体相对于 4 个轮组的运动具有唯一性，解决了车身本体相对于地面运动的不确定性。

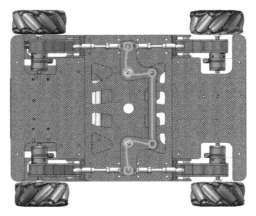

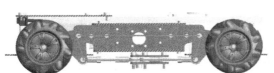

图 2-7　单侧两轮组四边形连杆机构　　　　　　图 2-8　联动连杆

二、机械臂抓取机构设计分析

移动机器人机械臂系统是机器人末端执行机构，是搬运动作能否实现的关键。机械臂各项性能指标可归纳如下：

1）抓取准确且牢固可靠。

2）机械臂整体具有较好的刚性，夹持指定物体后无晃动。

3）具有较好的负载能力，能够夹持近 300g 的物品。

4）机械臂自身质量较轻，无过多无效转矩负载。

5）夹取高点位时机械臂整体稳定性要较好，不发生晃动。

1. 主臂的方案选择

本机械臂主臂结构方案源自于 MeArm 袖珍型机械手臂，该机械臂特点为大臂和小臂均采用平行四杆机构，传动器件位于机械臂最底端，有效地改善了传统串联式机械臂结构小臂传动电动机位于大臂末端所造成的大臂整体重心离转动中心较远带来的大臂无效转矩负载增大问题。同时，该机械臂的另一大特点为夹爪部分与地面间的夹角始终不变，与传统串联机械臂需要在夹爪部分增加电动机来保持与地面相对夹角相比，该机械臂减少了传动元件数量，降低了机械臂整体的复杂性，同时也降低了大臂和小臂的无效转矩负载。

2. 主臂结构设计

在具体设计主臂体之前，首先确定主臂各杆件尺寸，通过抽象出整个主臂的原理性连杆结构图并在 SolidWorks 软件环境绘制其草图，在草图上补充底盘轮廓，尽可能模拟出整个机械臂所处环境，通过限制连杆的关键尺寸，如最大工作高度、最低工作高度、与底盘的位置关系等来确定适宜的尺寸，具体草图及尺寸如图 2-9 所示。

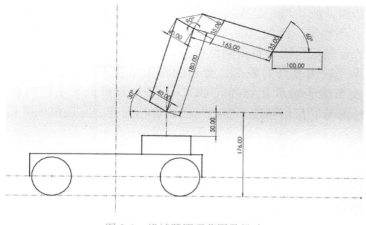

图 2-9　机械臂原理草图及尺寸

　　由于该机械臂具有较多的转动关节，因此，能否对这些转动关节的摩擦进行有效处理决定了该机械臂能否具备较高运动性能。同时，零件间的转动摩擦处理不当会造成零件的过度磨损，严重时甚至会出现零件相互抱死，使机械臂失效。为避免以上问题，本机械臂采用转动关节处添加法兰轴承的解决方案，通过过盈配合确保结构件与轴承固连，轴承与轴承间添加垫片实现轴向方向和径向方向的固定，具体实现方式如图 2-10 所示。

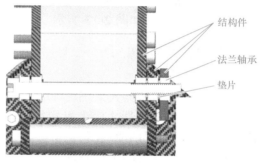

图 2-10　转动关节摩擦处理实现方式

3. 夹爪结构设计

　　机械臂末尾夹爪负责抓取固定目标物体，采用舵机作为传动元件来控制夹爪开合，舵机的安装形式决定了夹爪的夹取方式和外观。本机械爪采用横置舵机的方式，将舵机置于夹爪下方，具体安装方式如图 2-11 所示。为使夹爪的两弯爪能够同步对称工作，在弯爪的末端设计了不完整齿轮，其中弯爪刚性连接了不完整齿轮，采用阶梯齿轮的安装方式，将舵机传动至弯爪，实现舵机控制弯爪的动作，如图 2-12 所示。

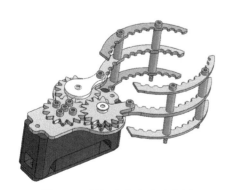

图 2-11　舵机安装方式示意图

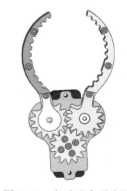

图 2-12　夹爪啮合示意图

4. Yaw 轴云台设计

　　Yaw 轴云台作为机械臂与底盘的连接部分，承受较为复杂的载荷。由于机械臂工作时类似于悬臂梁结构，故其与底盘连接处受力较大，同时，若连接处连接不稳固则将直接导致机械臂系统的不稳定。因此，在 Yaw 轴云台承受复杂和较大载荷的情况下，为保证云台转动顺滑，Yaw 轴云台需具备高刚性特性。

考虑到云台承受较为复杂的载荷，普通的深沟球轴承无法满足此类要求，故云台的转动处轴承选择交叉滚子轴承 RA5008UUCC0，该轴承可以承受径向和轴向的载荷和弯矩。通过将轴承外圈与底盘相固连，内圈与机械臂相固连，实现机械臂相对于底盘的顺滑转动。

受限于底盘高度，云台转动的传动部分采用的是齿轮传动，即安装于电动机上的齿轮驱动安装于机械臂根部齿轮，齿轮组的减速比为 1∶2。另外，由于转动处的结构较为复杂，且此处线材较为集中，为了防止齿轮传动过程中有异物干扰而产生不可控因素，在传动部件外安装有保护壳，具体云台结构如图 2-13 所示。

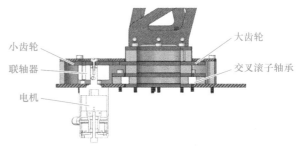

图 2-13　云台结构示意图

▶**任务拓展**

1）分析移动机器人系统设计的流程，绘制系统设计流程图。

2）掌握移动机器人底盘机构的工作原理，完成麦克纳姆轮全向运动的原理分析，绘制各方向运动实现的原理图。

3）掌握机械臂的工作原理，完成四自由度机械臂的工作状态及动作实现的理论分析，绘制工作原理图。

任务 2.2　移动机器人零件认知

▶**任务目标**

1）熟悉移动机器人零件。

2）熟悉移动机器人的主要控制器件的基本属性和常见功能。

3）熟悉移动机器人物料清单。

4）培养面向成本的设计意识。

▶**知识储备**

一、机械结构件

移动机器人结构实现时通常采用非标准件机加工、3D 打印（仅用于机械性能与精度要求不高的支撑件与连接件）、外协标准件、常用件、连接件等。其中，自主设计的零件常选用不同材质与厚度的板料、铝型材、铝方管等材料完成加工制作。此处仅举例介绍外协采购的常用连接件、标准件及常用件，自主设计零件，此处不做介绍。

1. 麦克纳姆轮

麦克纳姆轮（以下简称麦轮）可看成由轮毂和辊子两大部分组成，轮毂是整个轮子的主体支架，辊子则是安装在轮毂上的鼓状物。轮毂轴与辊子转轴呈 45° 角，理论上这个夹角可以是任意值，根据不同的夹角可以制作出不同的轮子，但 45° 夹角最为常用。

麦轮一般是 4 个一组使用，包含两个左旋轮和两个右旋轮，左旋轮和右旋轮呈轴性对称。机器人中小型麦轮常用的外径有 65mm 和 80mm，可适配的轮轴有 TT 电动机、乐高十字轴、4mm 铝轴、5mm 铝轴、6mm 铝轴和 N2 电动机轴，可采用加纤高强度环保材料制作，结构稳定，可与多联轴器连接并能够适配多种电动机，如图 2-14 所示。

2. 常用连接紧固件

（1）六角螺柱　六角螺柱常用于零件的连接和固定，主要材质有铝、铜和不锈钢等材料，螺柱内部有螺纹便于拧入螺栓固定。图 2-15 所示为不锈钢的 M3-45 长螺柱用于底盘框架的连接和固定。

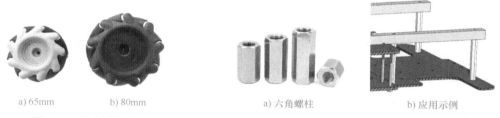

图 2-14　麦克纳姆轮

a) 65mm　b) 80mm

a) 六角螺柱　b) 应用示例

图 2-15　六角螺柱及其应用示例

（2）螺栓连接件　螺栓常用于连接和固定零件，表面有螺纹可与螺母啮合，如图 2-16a 所示。在小型机器人中螺栓常用的型号有 M3、M4 和 M5，螺栓的长度要根据实际安装位置确定。垫片可用于关节连接处减小摩擦，使关节更加的灵活，如图 2-16b 所示。

（3）防松螺母　防松螺母是以特殊的工程塑料永久附着在螺纹上，内外螺纹在缩紧过程中，工程塑料被挤压而产生强大的反作用力，极大地增加了内外螺纹之间的摩擦力，能较好阻隔振动造成的连接松动，如图 2-17 所示。小型机器人中常用的防松螺母有 M3、M4 和 M5 等型号。

a) 螺栓　　　　b) 垫片

图 2-16　螺栓连接件

图 2-17　防松螺母

（4）牙条丝杆　牙条丝杆常用于连接零件和固定。目前应用比较广泛的牙条丝杆材料有 304 不锈钢。牙条丝杆上自带有常用螺栓的螺纹，如图 2-18a 所示。图 2-18b 所示为一种 304 不锈钢材质 M4-40mm 丝杆在机器人底盘上的应用示例。

3. 联轴类零件

（1）黄铜联轴器　黄铜联轴器常用于连接电动机和麦克纳姆轮。加长型六角联轴器能起到延长传动轴的作用，可以有效延长传输距离。该联轴器也可用于连接电动机轴与其他模型配件。图 2-19a 为黄铜联轴器，图 2-19b 为加长款孔径 6mm 黄铜联轴器在电动机连接中的应用。

（2）双膜片联轴器　双膜片联轴器因其弥补两轴线不共线的能力强，能在冲击与振动条件下保障有效传动，具有结构简单、重量轻、体积小等特点。图 2-20a 为双膜片联轴器，图 2-20b 为该联轴器在机器人机械臂传动中的应用示例。双膜片联轴器的选用需结合两端轴的尺寸。

 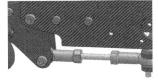

a) 牙条丝杆　　　　　　　　b) 应用示例

图 2-18　牙条丝杆及其应用示例

a) 黄铜联轴器　　　　b) 应用示例

图 2-19　黄铜联轴器及其应用示例

a) 双膜片联轴器　　　　b) 应用示例

图 2-20　双膜片联轴器及其应用示例

4. 轴承类零件

（1）法兰轴承　法兰轴承亦称为带边轴承，与普通轴承不同之处在于多了边缘结构，将法兰与轴承结为一体。外轮上带有法兰的系列产品，使轴向定位变得简单，不再需要轴承座，变得更经济。小外径钢球有利于实现轴承的低摩擦扭矩、高刚性以及良好的回转精度，中空轴的使用满足了结构轻量化要求，同时能够提供更多的电缆配线空间。图 2-21 为法兰轴承及其应用示例。

（2）推力球轴承　推力球轴承可分为平底座垫型和调心球面座垫型两种类型。推力球轴承由座圈、轴圈和钢球保持架组件三部分构成，与轴配合的称轴圈，与外壳配合的称座圈。该类型轴承可承受高速运转时的轴向推力载荷，不承受径向载荷。图 2-22 为推力球轴承及其应用示例。

a) 法兰轴承　　　　b) 应用示例

图 2-21　法兰轴承及其应用示例

a) 推力球轴承　　　　b) 应用示例

图 2-22　推力球轴承及其应用示例

（3）深沟球轴承　深沟球轴承是应用广泛的一种滚动轴承。基本型的深沟球轴承由一个外圈、一个内圈、一组钢球和一组保持架构成。其特点是摩擦阻力小、转速高，主要承受径向载荷，也可同时承受径向载荷和轴向载荷。当其仅承受径向载荷时，接触角为零。当深沟球轴承具有较大的径向游隙时，具有角接触轴承的性能，可承受较大的轴向载荷。

图 2-23 为深沟球轴承及其应用示例。

（4）交叉滚子轴承　交叉滚子轴承是一种内圈分割、外圈旋转的特殊型号轴承。因被分割的内环或外环，在装入滚柱和间隔保持器后，与交叉滚柱轴环固定在一起，可防止互相分离。滚柱为交叉排列，通常只用一套交叉滚柱轴环即可承受多个方向的负荷，与其他常规轴承相比，刚性提高 3 ～ 4 倍。因交叉滚子轴承内圈或外圈是两分割的构造，轴承间隙可调整，即使被施加预载，也能获得高精度地旋转运动。由于其特殊结构，交叉滚子轴承在机器人中通常用作关节轴承，图 2-24 为交叉滚子轴承及其应用示例。

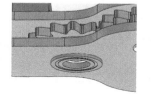

a）深沟球轴承　　　b）应用示例　　　　　　a）交叉滚子轴承　　　b）应用示例

图 2-23　深沟球轴承及其应用示例　　　　　图 2-24　交叉滚子轴承及其应用示例

（5）鱼眼接头　鱼眼接头是自润滑杆端关节轴承的俗称，属于关节轴承的一种，其作用是连接两个中心线相交的杆件，其中安装于"鱼眼"里的轴可绕中心线旋转一定角度。关节轴承可承受较大的径向载荷、轴向载荷或径向与轴向同时存在的复合载荷。因其内圈的外球面上镶有复合材料，在工作中可产生自润滑。鱼眼接头一般用于速度较低的摆动运动和低速旋转，也可在一定角度范围内做倾斜运动，当支承轴与轴壳孔不重合程度较大时，仍能正常工作。图 2-25 为鱼眼接头及其应用示例。

图 2-25　鱼眼接头及其应用示例

控制类硬件
总体认识

二、控制类硬件

在移动机器人中常把与控制实现直接相关的物资统称为控制硬件，包括用于系统开发的单片机主控板、用于传递运动的电动机及电动机驱动器、电源供电装置、各类传感器、遥控器及显示屏等输入/输出装置。下文将简单介绍本项目机器人所用的控制硬件。

1. 主控板及中心板

图 2-26 所示为自主设计的 STM32 主控板，其外形尺寸为 150mm×100mm，采用高性能的 STM32F407 主控芯片（CPU：STM32F407ZGT6，LQFP144；FLASH：1024KB；SRAM：192KB），能支持宽电压输入，集成专用的扩展接口、通信接口及高精度 IMU 传感器，可配合移动机器人产品或其他配件使用。本主控板包含如下外设：用户自定义 LED、5V 接口、3.3V 接口、BOOT 配置接口、microUSB 接口、SWD 接口、按键、可配置 I/O 接口、传感器接口、UART 接口、CAN 总线接口、PWM 接口、DBUS 接口、PS2 遥控器接口、数字摄像头接口、蜂鸣器、电压检测 ADC、六轴惯性测量单元和磁力计。

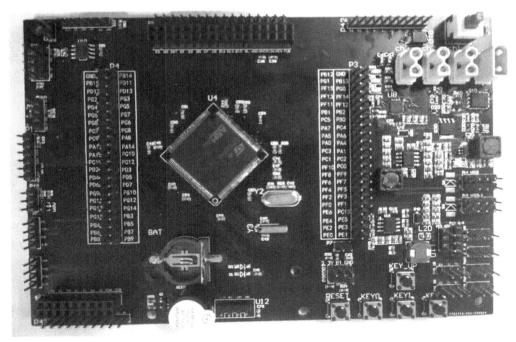

图 2-26 STM32 主控板

图 2-27 所示为 RoboMaster 电调中心板。它是一款专为实现电源及 CAN 总线接口扩展的转接板，具有结构紧凑、接口集成度高等特性，可同时驱动 7 套动力系统，采用硅胶外壳设计，提高了防护等级，保障产品可靠运行。

2. 供电装置

供电装置 TB48 由电池和电池架组成，它是一款容量为 4500mA·h、电压为 22.2V、带有充放电管理功能的智能电池。图 2-28a 的电池可在 –10 ～ 40℃ 的工作环境温度内工作，最大充电功率为 180W。图 2-28b 所示的电池架（兼容型）是一款固定电池与供电的器件，其安装方式灵活，可兼容 DJI TB47 系列和 TB48 系列等电池。电池架上配有可控制电池供电的电源开关，并配有电池信息接口，用于监测当前电池电量等数据。

图 2-27 RoboMaster 电调中心板

3. 电动机及电动机驱动

（1）RoboMaster M2006 动力系统 RoboMaster M2006 动力系统由 RoboMaster M2006 P36 直流无刷减速电动机和 RoboMaster C610 无刷电动机调速器组成，如图 2-29 所示。RoboMaster M2006 P36 电动机具有输出转速高、体积小、功率密度高等特点，可应用于移动机器人、服务机器人、快速成型技术及自动化设备等。RoboMaster C610 电动机调速器采用 32 位定制电动机驱动芯片，使用磁场定向控制（FOC）技术，实现对电动机转矩的精确控制，与 RoboMaster M2006 P36 直流无刷减速电动机搭配，组成动力套件。

a) 电池

b) 电池架

图 2-28　电池及电池架

a) 电动机

b) 调速器

图 2-29　RoboMaster M2006 P36 电动机及 C610 电动机调速器

（2）MG995 舵机　图 2-30 所示为一种位置（角度）伺服的驱动器 MG995 舵机，常用于无人机与机器人制作中。此类舵机内部有一个基准电路，可产生周期为 20ms，宽度为 1.5ms 的基准信号，将获得的直流偏置电压与电位器的电压比较，获得电压差输出，电压差的正负输出决定电动机的正反转。当电动机转到一定的角度时，通过级联减速齿轮带动电位器旋转，使电压差为 0，电动机停止转动。

4. 常用传感器

本项目中的移动机器人主要选用了超声波传感器、红外传感器、灰度传感器、摄像头 4 类传感器，其原理与实现将在项目 5 详细介绍。

（1）超声波传感器　图 2-31 所示为 HC_SR04 超声波传感器，是一款使用较为广泛的传感器，常用于障碍检测与距离测定。该模块共有 4 个接口，分别为 VCC、GND、Trig 以及 Echo。其中，VCC 与 GND 接 5V 供电电源与地，Trig 端为信号输入端，Echo 为信号输出端。

图 2-30　MG995 舵机

图 2-31　HC_SR04 超声波传感器

（2）红外传感器　图 2-32 所示为一种红外传感器。红外传感器是一种集发射与接收于一体的传感器，由一对红外信号发射与接收二极管及运放比较电路组成，发射二极管发射一定频率的红外信号，接收二极管接收该频率的红外信号。红外传感器前方未有障碍物，或障碍物在其检测距离外时，红外传感器后方指示灯不亮且输出高电平，当红外传感器前方有物体在其检测距离内时，红外传感器后方指示灯点亮且输出低电平。红外传感器检测距离可根据要求进行调节。

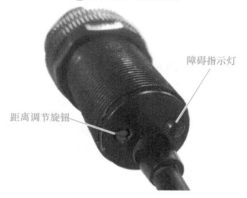

图 2-32　红外传感器

（3）灰度传感器　图 2-33 所示为一种八路灰度传感器，每路灰度传感器由一只发光二极管和一只光敏电阻组成，安装在同一面上。灰度传感器利用不同颜色的检测面对光的反射程度不同，光敏电阻对不同检测面返回的光其阻值也不同的原理进行颜色深浅检测。

图 2-33　灰度传感器

（4）摄像头　图 2-34 所示为 OV2640 摄像头，是 Omni Vision 公司生产的 1/4in（1in=2.54cm）的 CMOS UXGA（1632×1232px）图像传感器。该传感器体积小、工作电压低，可提供单片 UXGA 摄像头和影像处理器的所有功能。项目中 OV2640 摄像头用于抓取物体的识别。

5. 输入 / 输出装置

（1）显示屏　TFT-LCD 即薄膜晶体管液晶显示器，是目前主流 LCD 显示器，具有亮度好、对比度高、层次感强、颜色饱满等特点，广泛应用于各类电子产品。图 2-35 为 TFT-LCD 显示屏。

图 2-34　OV2640 摄像头　　　　　　　图 2-35　TFT-LCD 显示屏

（2）遥控器　PS2 遥控器手柄由手柄与接收器两部分组成。手柄负责发送按键信息，接收器与单片机相连用于接收手柄发来的信息并传递给单片机。单片机可通过接收器向手柄发送命令，配置手柄的发送模式。手柄可通过按键组合实现多种动作的控制。图 2-36 为 PS2 无线遥控器。

a) 无线手柄　　　　　　b) 接收器　　　　c) 转接板

图 2-36　PS2 无线遥控器

▶ 工程实践

对照实物熟悉移动机器人的结构和控制硬件组成，按机械结构件和电控硬件分别制作物料清单，其中机械结构件细分为底盘、云台、机械臂、夹爪、各模块通用标准件及常用件。通过制作材料清单进一步熟悉机器人结构组成、物资构成、常用材料及电控硬件构成。

一、制作移动机器人机械结构件物料清单

1.底盘模块机械结构件物料清单（见表 2-2）

表 2-2　底盘模块机械结构件物料清单

序号	所属模块	物料名称	数量	工艺	材料 / 尺寸 / 其他
1	底盘	麦克纳姆轮	4	外购	80mm
2	底盘	上铝管	2	车 & 铣	10mm × 10mm 铝管
3	底盘	上盖板 1	1	2D 雕刻	3mm 碳板
4	底盘	上盖板 2	1	2D 雕刻	2mm 碳板
5	底盘	下盖板 1	1	2D 雕刻	2mm 碳板
6	底盘	下盖板 2	1	2D 雕刻	2mm 碳板
7	底盘	底侧梁板	1	2D 雕刻	3mm 碳板
8	底盘	M3 × 45 铝柱	8	外购	
9	底盘	M4 × 40 丝杆	4	外购	
10	底盘	L 型板	4	2D 雕刻	3mm 碳板
11	底盘	中间连接桥	1	2D 雕刻	3mm 碳板
12	底盘	L 件中间垫块	2	3D 打印	塑料
13	底盘	轮组梁板中间垫块	4	3D 打印	塑料
14	底盘	连接梁下垫片	4	3D 打印	塑料
15	底盘	横架侧垫块	4	3D 打印	塑料
16	底盘	鱼眼中间垫块	8	3D 打印	塑料
17	底盘	轮组梁板	4	2D 雕刻	3mm 碳板
18	底盘	轮组梁板里侧	4	2D 雕刻	3mm 碳板
19	底盘	黄铜联轴器	4	外购	加长型 30mm

2.云台机械结构件物料清单（见表 2-3）

表 2-3　云台机械结构件物料清单

序号	所属模块	物料名称	数量	工艺	材料 / 尺寸 / 其他
1	云台	交叉滚子轴承	1	标准件	RA5008UUCC0
2	云台	超声波安装架	1	3D 打印	塑料
3	云台	上盖板	1	2D 雕刻	3mm 碳板

（续）

序号	所属模块	物料名称	数量	工艺	材料/尺寸/其他
4	云台	外挡圈	1	3D 打印	塑料
5	云台	外圈盖	1	2D 雕刻	2mm 碳板
6	云台	直齿轮（M3Z12）	1	2D 雕刻	3mm 碳板
7	云台	底侧旋转板	1	2D 雕刻	3mm 碳板
8	云台	交叉滚子上垫圈 1	1	3D 打印	塑料
9	云台	直齿轮（M3Z24）	1	2D 雕刻	3mm 碳板
10	云台	交叉滚子上垫圈 2	1	3D 打印	塑料
11	云台	交叉滚子内圈上夹板 1	1	2D 雕刻	3mm 碳板
12	云台	交叉滚子中间垫圈	1	3D 打印	塑料
13	云台	交叉滚子内圈上夹板 2	1	2D 雕刻	3mm 碳板
14	云台	交叉滚子外垫圈	1	3D 打印	塑料
15	云台	交叉滚子外圈夹板	1	2D 雕刻	3mm 碳板

3. 机械臂模块机械结构件物料清单（见表 2-4）

表 2-4　机械臂模块机械结构件物料清单

序号	所属模块	物料名称	数量	工艺	材料/尺寸/其他
1	机械臂	双膜片联轴器	3	标准件	26-35-6
2	机械臂	夹爪 L 形板	2	2D 雕刻	3mm 碳板
3	机械臂	中间垫块 3	1	3D 打印	塑料
4	机械臂	上连杆 1	1	2D 雕刻	3mm 碳板
5	机械臂	传动臂	2	2D 雕刻	3mm 碳板
6	机械臂	左传动臂	1	2D 雕刻	3mm 碳板
7	机械臂	右传动臂	1	2D 雕刻	3mm 碳板
8	机械臂	三角转接板	1	2D 雕刻	3mm 碳板
9	机械臂	中间垫柱 2	1	3D 打印	塑料
10	机械臂	上连杆 3	1	2D 雕刻	3mm 碳板
11	机械臂	上连杆 2	1	2D 雕刻	3mm 碳板
12	机械臂	连杆垫块	1	3D 打印	塑料
13	机械臂	中间垫柱 1	1	3D 打印	塑料
14	机械臂	电动机安装板	2	2D 雕刻	3mm 碳板
15	机械臂	平行拉杆连接板	1	2D 雕刻	3mm 碳板
16	机械臂	底板转接件	2	2D 雕刻	3mm 碳板
17	机械臂	左传动臂翻转拨片	1	2D 雕刻	3mm 碳板
18	机械臂	传动臂垫块	1	3D 打印	塑料

4. 夹爪模块机械结构件物料清单（见表 2-5）

表 2-5　夹爪模块机械结构件物料清单

序号	所属模块	物料名称	数量	工艺	材料／尺寸／其他
1	夹爪	连接打印件 1	1	3D 打印	塑料
2	夹爪	连接打印件 2	1	3D 打印	塑料
3	夹爪	夹爪齿轮安装板 2	1	2D 雕刻	3mm 碳板
4	夹爪	夹爪齿轮安装板 1	1	2D 雕刻	3mm 碳板
5	夹爪	夹爪舵机上夹板	1	2D 雕刻	3mm 碳板
6	夹爪	舵机外壳	1	3D 打印	塑料
7	夹爪	直齿轮 1（M2Z14）	1	2D 雕刻	3mm 碳板
8	夹爪	夹爪齿轮垫块	1	2D 雕刻	3mm 碳板
9	夹爪	直齿轮 2（M2Z14）	1	2D 雕刻	3mm 碳板
10	夹爪	齿爪 1（M2Z15）	1	2D 雕刻	3mm 碳板
11	夹爪	齿爪 2（M2Z15）	1	2D 雕刻	3mm 碳板
12	夹爪	配爪	4	2D 雕刻	2mm 碳板
13	夹爪	夹爪柱体	8	3D 打印	塑料
14	夹爪	舵盘	1	常用件	金属

5. 其他标准件及常用件物料清单（见表 2-6）

表 2-6　其他标准件及常用件物料清单

序号	所属模块	物料名称	数量	工艺	材料／尺寸／其他
1	紧固	M3 双面胶	1	双面胶	长 × 宽 50m × 2cm
2	紧固	鱼眼接头	8	标准件	M4 × 0.7
3	紧固	螺栓连接件	176	标准件	M2.5 × 14 ～ M5 × 30 共 22 种
4	紧固	垫片 1	30	标准件	3mm × 5mm × 0.5mm
5	紧固	垫片 2	50	标准件	4mm × 6mm × 0.5mm
6	紧固	M3 防松螺母	289	标准件	M3
7	紧固	M4 防松螺母	41	标准件	M4
8	紧固	M5 防松螺母	2	标准件	M5
9	紧固	法兰轴承 1	5	标准件	3mm × 8mm × 3mm
10	紧固	法兰轴承 2	22	标准件	4mm × 8mm × 3mm
11	紧固	推力球轴承 1	4	标准件	4mm × 9mm × 4mm
12	紧固	深沟球轴承 1	8	标准件	4mm × 10mm × 4mm
13	紧固	法兰轴承 3	2	标准件	5mm × 10mm × 4mm
14	紧固	推力球轴承 2	2	标准件	5mm × 12mm × 4mm
15	紧固	深沟球轴承 2	1	标准件	9mm × 17mm × 4mm

6. 制作移动机器人电控元器件物料清单（见表 2-7）

表 2-7 制作移动机器人电控元器件物料清单

序号	所属模块	物料名称	数量	工艺	材料/尺寸/其他
1	显示模块	LCD 显示屏	1	外购	4.3in
2	传感器	灰度传感器	2	外购	八路灰度
3	传感器	红外传感器	2	外购	E3F-DS30B2 可调节 （常闭 10 ～ 50cm）NPN
4	传感器	超声波传感器	1	外购	HC-SR04
5	传感器	摄像头传感器	1	外购	OV2640
6	驱动模块	电调	7	外购	RM C610
7	驱动模块	总线舵机	1	外购	MG995
8	驱动模块	电动机	7	外购	RM M2006
9	电源模块	电池	1	外购	RM TB47S
10	电源模块	电池架	1	外购	RM 兼容型
11	控制系统	电调中心板	1	外购	RM 中心板 2
12	控制系统	主控板	1	自制	STM32
13	控制系统	遥控器	1	外购	PS2 遥控器
14	控制系统	线材	1	外购	

▶ 任务拓展

1）熟悉移动机器人的机械零件及机械外购件选用方法，了解机械零件的常用材料及加工方法。

2）熟悉移动机器人的电子元器件及其选用方法，调研对比同类电子元器件的应用情况。

3）结合设计需求，生成移动机器人外购件的物料清单及购买链接，调研并核算移动机器人的制作成本。

项目 3

移动机器人零件建模与组装

本项目通过移动机器人零件建模与装配、硬件架构及接线、机器人实物装配等任务介绍，帮助读者掌握移动机器人的系统构成，熟悉机器人各模块的结构实现原理，熟悉控制硬件的电路铺设与接线实现。通过 SolidWorks 环境下的典型零件建模与机器人的虚拟装配，提升读者数字化设计能力，培养其面向制造的设计意识。

任务 3.1　移动机器人零件建模

▶ 任务目标

1）掌握典型零件建模的基本方法。
2）掌握典型零件工程图绘制的基本方法。
3）培养面向制造的设计意识。
4）提升专业软件的应用能力。
5）培养遵从职业规范与专业标准的工程意识。

▶ 知识储备

一、基于 SolidWorks 的移动机器人常用零件结构分析

通过项目 2 零件认知可知，移动机器人自主设计的零件结构多为简单易加工结构，总体可归纳为钣金折弯件、机加工等厚度板件、机加工管类零件、机加工轴及 3D 打印成型件等，如图 3-1 为常用零件结构类型。

a) 钣金折弯件　　　　　　　　b) 机加工等厚度板件　　　　　　c) 3D打印成型件

图 3-1　常用零件结构类型

常用加工材料包括碳纤维、铝材、不锈钢、铸铁、玻纤、3D 打印线材等。其中碳纤维材料因具有良好的工程属性和质量轻的特点而备受欢迎，铝材具有良好的加工性能，多规格型号的铝型材及铝方管在工程上也被广泛选用。近年来 3D 打印线材中 PLA 和 ABS 对 3D 打印机的要求不高，同时具有价格优势，被较多采用在对工程属性要求不高的非关键零件的制作中。此外，随着 3D 打印技术的发展，金属打印和碳纤维材料打印也逐渐受市场青睐。

下文将对 SolidWorks 环境下零件建模常用命令与特征加以讲解。

二、基于 SolidWorks 的移动机器人常见零件建模基础

在 SolidWorks 环境零件建模中常见操作包括新建零件文件、保存文件、基准、草绘、工程特征，其中工程特征常用拉伸、孔、圆角、镜向、抽壳等特征生成。

1. 新建零件和保存

1）图 3-2 所示为 SolidWorks 的默认软件界面。

图 3-2　SolidWorks 软件界面

2）依次单击菜单栏的"文件"→"新建"命令，在弹出的对话框中，单击选择"零件"选项，然后再单击"确定"按钮，进入零件建模窗口，如图 3-3、图 3-4 所示。

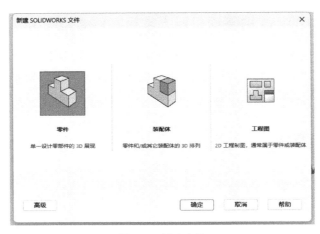

图 3-3　新建文件

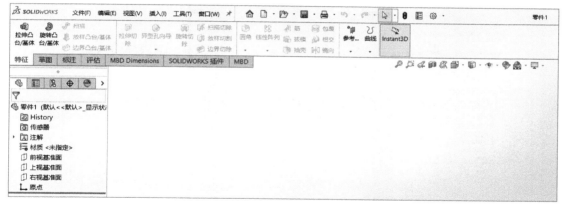

图 3-4　零件建模

3）单击"标准"工具栏的"保存"按钮或单击"文件"菜单选择"保存"命令，单击后即可选择保存位置以保存所绘制的模型，完成零件保存，如图 3-5 所示。

图 3-5　零件保存

2. 基准

基准包括基准面、基准轴和基准点，此处以基准面为例。基准面可看作绘制图中的主视图、俯视图、左视图、斜视图的投影面，同时也包括草绘特征所在的平面。除了系统自动生成的基准面，还可以通过自动基准面平移生成或通过面、通过线以及通过直线和直线外的点等多种方式生成。SolidWorks 绘制特征前均需要明确特征所在的基准面以及参照基准。下文以草绘基准面设置为例。

1）在界面左侧模型树中有 3 个基准面，分别是新建文件后系统自动生成的前视基准面、上视基准面和右视基准面，如图 3-6 所示。

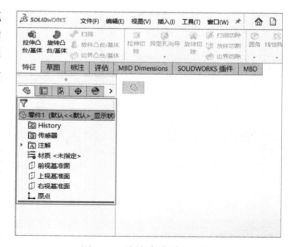

图 3-6　零件建模默认基准

2）单击左侧状态栏的"前视基准面"，在弹出的对话框中单击"草图绘制"，可以看到已经进入前视基准面的草图绘制窗口，此时左上角的"草图绘制"按钮变成深色，如图 3-7 所示。

3. 草绘

1）在"草图"工具栏中有很多常用命令，包括绘图、尺寸及其他常用命令等，如图 3-8 所示。

2）单击"直线"旁下拉按键后，可以选择需要的线型进行绘制。单击"智能尺寸"按钮，选择画好的直线，可以给直线标注有关尺寸，如图 3-9 所示。

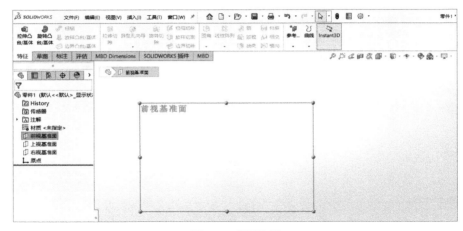

图 3-7　草图绘制

图 3-8　草图工具栏

a) 直线绘制命令

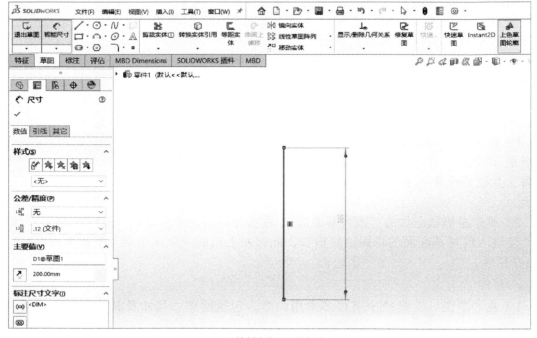

b) 绘制直线及智能标注

图 3-9　直线绘制命令及示例

4. 拉伸特征

1）在绘制好草图之后，注意草图应为封闭图形以完成后续特征。保持草图处于激活状态，单击"特征"工具栏中的"拉伸凸台 / 基体"按钮，如图 3-10 所示。

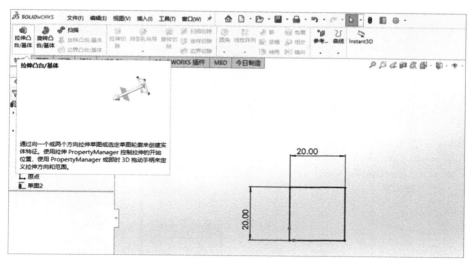

图 3-10　拉伸凸台 / 基体命令

2）此时会弹出"凸台 – 拉伸"属性管理器，下拉展开"方向 1（1）"，此处有以下几种拉伸方式，如图 3-11 所示。

a. 给定深度：从草图基准面拉伸到指定距离平移处，以生成特征。

b. 成形到一顶点：从草图基准面拉伸到一个平面，这个平面平行于草图基准面且穿越指定顶点。

c. 成形到一面：从草图基准面拉伸到所选曲面，以生成特征。

d. 到离指定面指定的距离：从草图基准面拉伸到离某面或曲面特定距离处，以生成特征。

e. 成形到实体：以所选实体作为拉伸终止条件。

图 3-11　拉伸属性设置

f. 两侧对称：从草图基准面向两个方向对称拉伸。

3）选择"给定深度"，数值设定为 10mm，单击"√"按钮即可看到零件拉伸后的结果，如图 3-12 所示。

4）单击"草图绘制"按钮再单击模型的表面，可以看到"草图绘制"按钮已经被激活，则可在模型面上绘制草图，如图 3-13 所示。

5）单击"特征"工具栏中的"拉伸切除"按钮，如图 3-14 所示。左侧属性管理器中下拉展开"方向 1（1）"，可以看到"拉伸切除"的种类，如图 3-15 所示。

图 3-12　拉伸特征生成示例

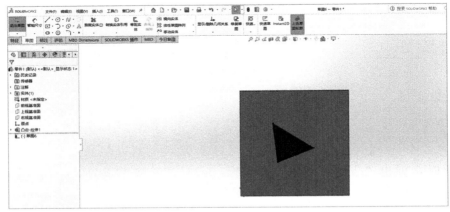

图 3-13　草绘绘制

图 3-14　拉伸切除命令

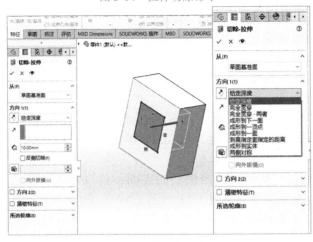

图 3-15　拉伸切除属性设置

6）选择"给定深度"并设置为 10mm，单击"√"按钮后则可以看到拉伸切除后的效果，如图 3-16 所示。

5. 孔特征

1）单击"特征"工具栏中的"异型孔向导"，在弹出的属性管理器中设置孔类型、孔规格及终止条件（孔深），如图 3-17 所示。

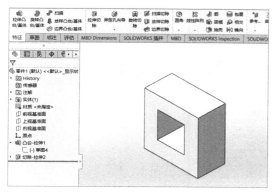

图 3-16 拉伸切除特征生成示例

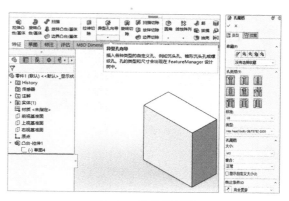

图 3-17 孔特征属性

2）在属性管理器中单击"位置"标签，在模型上单击选择一个面作为孔的放置面，则会显示孔的位置，如图 3-18 所示。

3）单击"√"按钮，则生成孔特征，如图 3-19 所示。

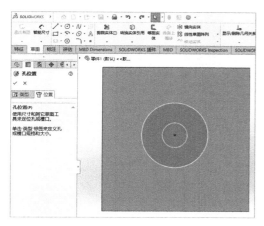

图 3-18 孔特征草图及属性

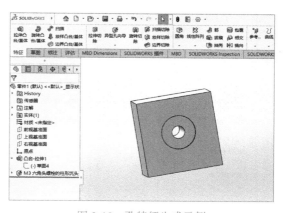

图 3-19 孔特征生成示例

6. 圆角特征

1）单击"特征"工具栏中的"圆角"按钮，如图 3-20 所示。

图 3-20 圆角特征命令

2）选择需要圆角化的项目（图 3-21 所示选择为边线），在属性管理器中设置圆角的参数，如图 3-21 所示。

3）单击"√"按钮，则生成圆角后的模型，如图 3-22 所示。

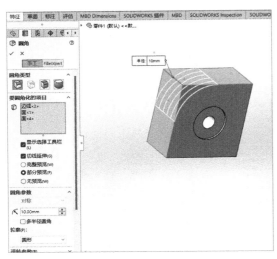

图 3-21 圆角属性设置

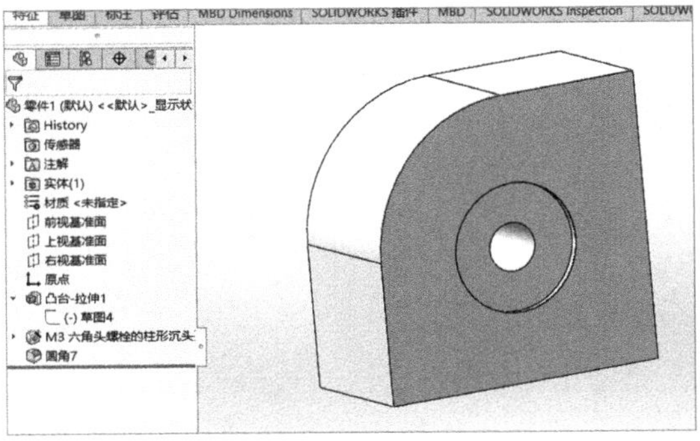

图 3-22 圆角特征生成示例

7. 镜向实体

1）此处在前视基准面上放置草图。依次单击"草图"→"直线"→"中心线"命令，在原点绘制中心线，如图 3-23 所示。

2）草图绘制待镜向图形。在"草图"中单击"镜向实体"，如图 3-24 所示。在属性管理器"要镜向的实体"中选中待镜向图形草图，"镜向轴"选择上一步绘制的中心线，如图 3-25 所示。

图 3-23 镜向中心线

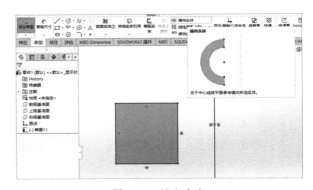

图 3-24 镜向命令

3）单击"√"按钮，则完成镜向，如图 3-26 所示。

8. 抽壳特征

1）单击"特征"工具栏中的"抽壳"按钮，如图 3-27 所示。

2）在属性管理器"参数"选项组的"厚度"中指定抽壳厚度为 3mm，"要移除的面"中为选中的需要去除的面，如图 3-28 所示。此处，若没有选择要移除的面时，则会形成一个中间掏空的模型，若选择的面是同向两个端面时，则会生成一个通孔。

3）单击"√"按钮后得到一个壁厚为 3mm 的中间镂空模型，如图 3-29 所示。

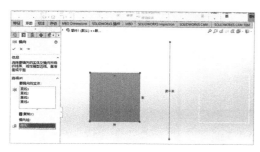

图 3-25　镜向属性设置

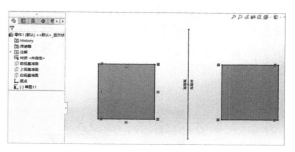

图 3-26　镜向生成示例

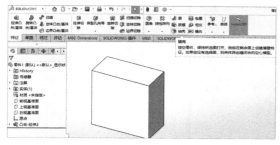

图 3-27　抽壳命令

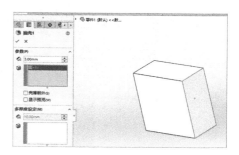

图 3-28　抽壳属性设置

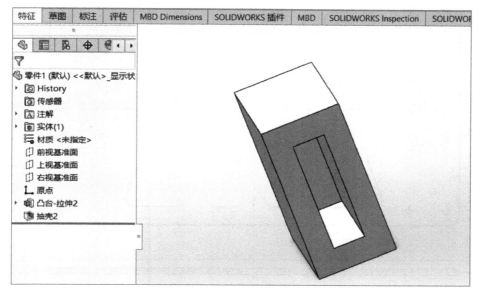

图 3-29　抽壳特征生成示例

▶ **工程实践**

一、底侧梁板建模（雕刻机加工成型）

图 3-30、图 3-31 所示为底侧梁板的立体模型及其工程图。由图可知，该零件为等厚度板件，其水平投影图为左右对称、前后对称图形。其中包含用于零件安装的多孔特征、用于减轻重量的多边形切除特征以及圆角特征。该零件可选用 3mm 碳纤维板材经由雕刻机一次加工成型。

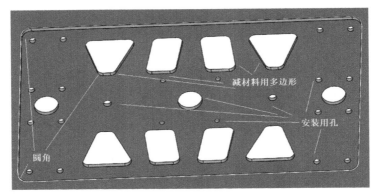

图 3-30　等壁厚底侧梁板立体模型示例

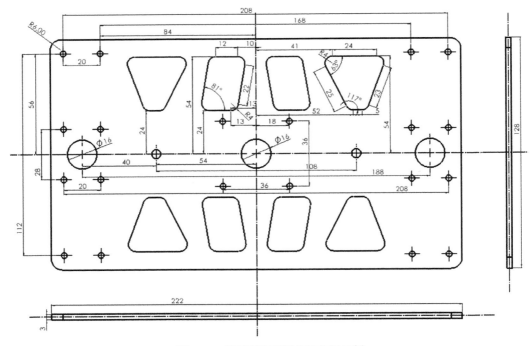

图 3-31　等壁厚底侧梁板工程图示例

该零件建模步骤可确定为：

1）底侧梁板实体：凸台 – 拉伸特征。

2）孔的形成：切除 – 拉伸特征。

3）板材减材料：切除 – 拉伸特征。

4）圆角：圆角特征。

底侧梁板
实体建模

1. 底侧梁板实体建模

1）在设计树中选择"前视基准面"作为绘图基准面，单击"草图"工具栏中的"中心线"按钮，在"中心线"菜单中勾选上"无限长度"在原点处绘制。单击"草图"工具栏中的"矩形"菜单，选择"中心矩形"进行草图绘制，使用"智能尺寸"进行标注，尺寸如图 3-32 所示。

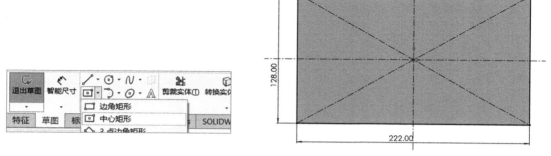

图 3-32　拉伸特征草绘

2）单击"特征"工具栏中的"凸台 – 拉伸"按钮，"从"设置为"草图基准面"，方向为"给定深度"，尺寸为 3mm，单击"√"按钮完成模型，如图 3-33 所示。

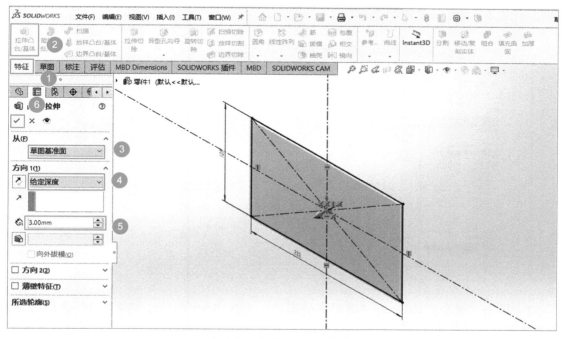

图 3-33　拉伸特征属性设置

2. 孔的形成

此板件有多个深度尺寸一致的孔，因此此处选用"拉伸 – 切除"特征完成孔的生成。

底侧梁板孔的形成

1）右击前视基准面作为草图绘制的基准，单击"草图绘制"按钮进入草图绘制，单击"中心线"按钮，勾选"无限长度"在原点处绘制中心线，用"圆形""直线"等命令完成多孔的圆形及构造线的绘制，最后用"智能尺寸"标注并按零件图修改尺寸，如图 3-34 所示。

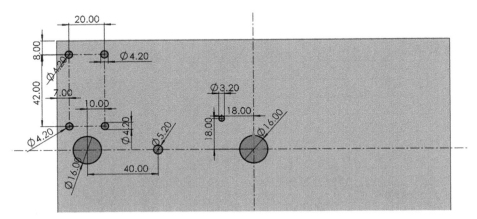

图 3-34　圆孔特征草绘

2）用"镜向实体"命令在"要镜向的实体"列表框中选中所绘图形，"镜向轴"选择前一步的竖直中心线，单击"√"按钮，选择图示圆形完成镜像。图 3-35 为草绘左右镜向。

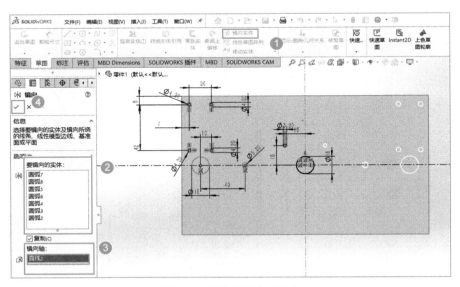

图 3-35　圆孔草绘左右镜向

3）单击"镜向实体"，在"要镜向的实体"中选中所绘图形，"镜向轴"选择前一步的水平中心线，单击"√"按钮，选择图 3-36 所示圆形完成镜向。

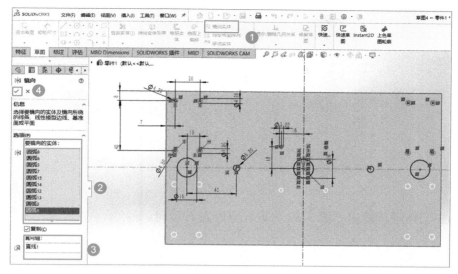

图 3-36　圆孔草绘前后镜向

4）在"特征"工具栏中，单击"拉伸切除"按钮，在"切除 – 拉伸"属性管理器中，"从"设置为"草图基准面"，方向设置为"完全贯穿"，单击"√"按钮完成多孔切除。图 3-37 为圆孔拉伸切除属性设置。

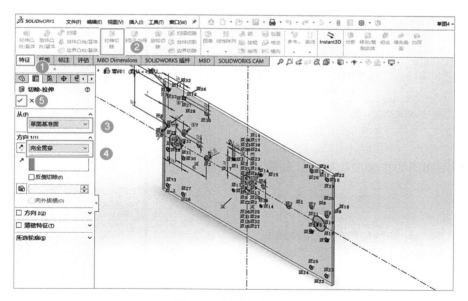

图 3-37　圆孔拉伸切除

3. 板材减材料

1）右击底侧梁板正面，单击"草图绘制"按钮进行底侧梁板的正面编辑，单击"草图"工具栏中的"中心线"按钮，在"中心线"菜单中勾选上"无限长度"在原点处绘制中心线。在"草图"工具栏中单击"直线"按钮绘制图形，然后再单击"智能尺寸"按钮标注尺寸。图 3-38 为方孔切除草绘。

底侧梁板的
削减

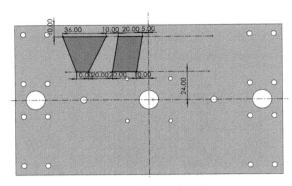

图 3-38　方孔切除草绘

2）选中实体进行镜向。图 3-39 为方孔草绘左右镜向。

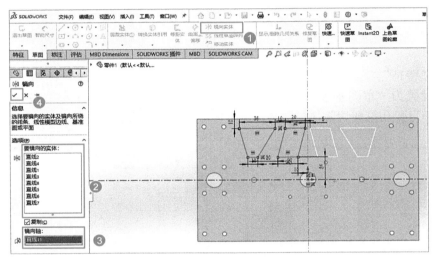

图 3-39　方孔草绘左右镜向

3）使用相同的步骤前后镜向，如图 3-40 所示。

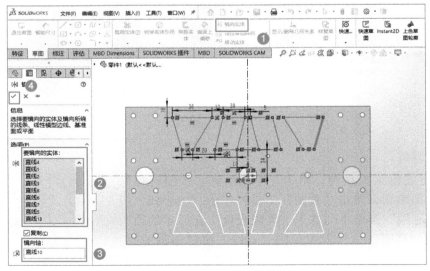

图 3-40　方孔草绘前后镜向

4）在"特征"工具栏中单击"拉伸切除"按钮，在"切除-拉伸"属性管理器中，"从"下拉列表框中选择"草图基准面"和"方向"列表框中选择"完全贯穿"，单击"√"按钮，完成特征，如图 3-41 所示。

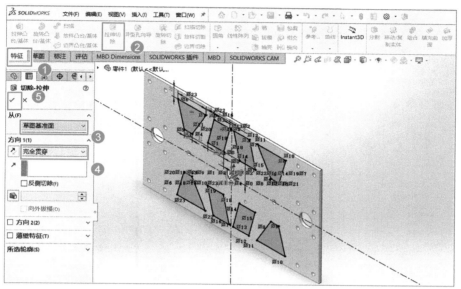

图 3-41　方孔拉伸切除

底侧梁板倒圆角

4. 圆角

1）单击"特征"工具栏中的"圆角"按钮，选中图示要圆角化的边线，圆角半径设置为 6mm，如图 3-42 所示。

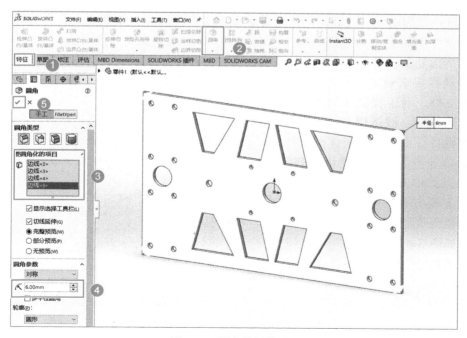

图 3-42　圆角特征设置 1

2）单击"特征"工具栏中的"圆角"按钮，选中图示要圆角化的边线，圆角半径设置为 4mm，如图 3-43 所示。

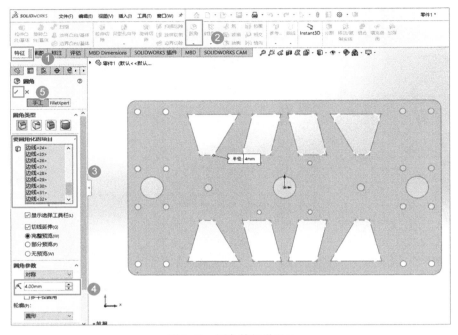

图 3-43　圆角特征设置 2

至此，底侧梁板建模完成。

二、电动机外壳建模（3D 打印成型）

电动机外壳为电动机安装时的固定件，根据工程图可知，该零件为前后对称结构，故设计基准选中间对称面为前视基准（宽度方向）和右视基准（长度方向），底面为高度基准。因其结构复杂，可选用 3D 打印件或金属材料数控加工而成，具体由其工作环境对零件的工程属性要求确定。本案例中电动机外壳仅作为安装固定的支撑，对工程属性要求低，但为减少拆卸次数，需要其耐用结实，故选用 PLA 材料 90% 填充 3D 打印而成。其建模特征可归纳为实体凸台拉伸、实体切除拉伸、圆孔、圆角等特征。为方便讲解与辨识，对模型上各部位特征加以简单命名，下文中将依照此命名讲解，包括上圆孔、上视方孔、前视上方孔、前视下方孔、前圆孔等。电动机外壳建模示例如图 3-44 所示，电动机外壳工程图示例如图 3-45 所示。

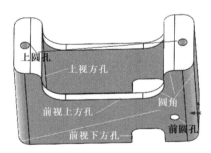

图 3-44　电动机外壳建模示例

根据结构分析确定该零件建模步骤为：

1）实体拉伸：前视基准草绘，对称拉伸。

2）"前视上方孔"拉伸切除：前视基准面，对称拉伸且穿透。

3）"前视下方孔"拉伸切除：前视基准面，对称拉伸且穿透。

4）"前圆孔"拉伸切除。

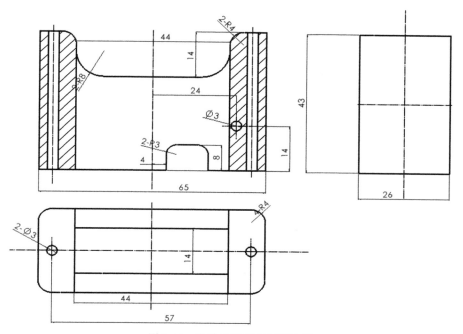

图 3-45　电动机外壳工程图示例

5）"上圆孔"拉伸切除：穿透。

6）"上视方孔"拉伸切除：穿透。

7）圆角特征：所有圆角特征最后生成。

1. 电动机外壳实体建模

电动机外壳
实体建模

新建零件后，在设计树中选择"前视基准面"作为绘图基准面，单击"草绘"工具栏，绘制图 3-46所示拉伸形状。单击"凸台 – 拉伸"按钮，在"从"下拉列表框中选择"草图基准面"，"方向"下拉列表框中选择"两侧对称"，尺寸为 26mm，单击"√"按钮，完成外壳实体建模，如图 3-47 所示。

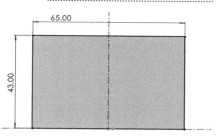

图 3-46　拉伸特征草绘

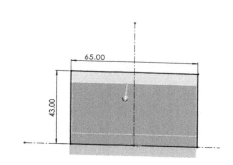

图 3-47　拉伸特征属性设置

2. "前视上方孔"拉伸切除

以"前视基准面"作为绘图基准面，在"草图绘制"窗口中完成"前视上方孔"的拉伸形状绘制，该形状关于右视基准面对称，如图 3-48 所示。在"特征"工具栏中，单击

电动机外壳
"前视上方孔"
拉伸切除

"拉伸切除"按钮，在"切除 – 拉伸"属性管理器中，"从"设置为"草图基准面"，"方向"设置为"完全贯穿 – 两者"，单击"√"按钮完成"前视上方孔"的生成，如图 3-49所示。

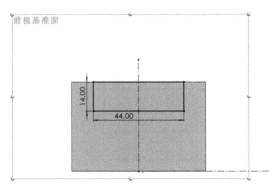

图 3-48 "前视上方孔"草绘

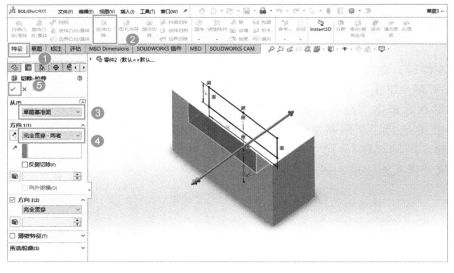

图 3-49 "前视上方孔"拉伸切除属性设置

3. "前视下方孔"拉伸切除

依照步骤 2 方法完成"前视下方孔"的绘制。注意，此处草绘拉伸形状以右视基准面为长度基准，底面为高度基准。其长度方向定位尺寸"4"从右视基准面标出，高度方

电动机外壳
"前视下方孔"
拉伸切除

向定位尺寸为 0，不单独标注，在绘制草绘图形时其方孔的下边线通过使用边命令保证与底面重合，如图 3-50、图 3-51 所示。

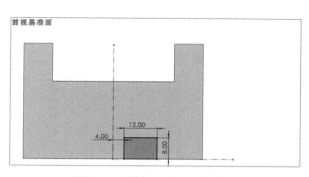

图 3-50　"前视下方孔"草绘

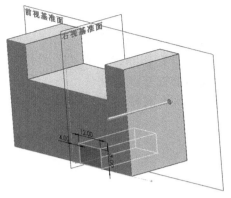

图 3-51　"前视下方孔"拉伸切除属性设置

4. "前圆孔"拉伸切除

依照步骤 2 方法完成"前圆孔"的绘制。注意，此处草绘拉伸形状以右视基准面为长度基准，以底面为高度基准，其定位尺寸（高 14mm × 长 24mm）从基准面标出，如图 3-52、图 3-53 所示。

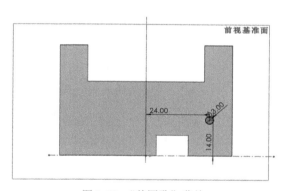

图 3-52　"前圆孔"草绘

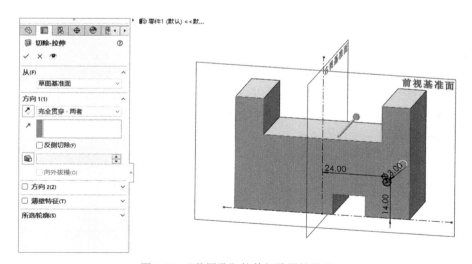

图 3-53　"前圆孔"拉伸切除属性设置

5. "上圆孔" 拉伸切除

电动机外壳
"上圆孔" 拉伸
切除

以模型上顶面为基准面，以"拉伸切除"完成圆孔形状特征的完全贯穿切除，生成"上圆孔"特征。注意，此处圆孔中心线与前视基准面重合，圆孔长度方向定位尺寸 57mm，关于右视基准面对称标注，如图 3-54、图 3-55 所示。

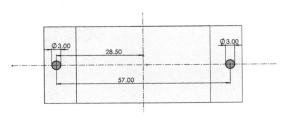

图 3-54 "上圆孔" 草绘

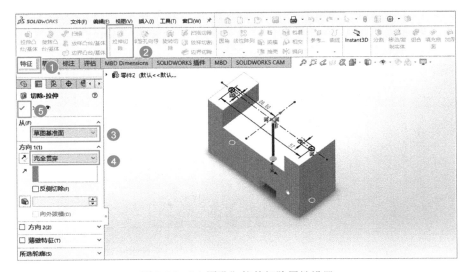

图 3-55 "上圆孔" 拉伸切除属性设置

6. "上视方孔" 拉伸切除

电动机外壳
"上视方孔"
拉伸切除

以模型上顶面为基准面，以"拉伸切除"完成方孔形状特征的完全贯穿切除，生成"上视方孔"特征。注意，此处草绘拉伸形状图形时，以前视基准面与右视基准面为中心参考，对称绘制，长度和宽度尺寸分别以前视基准面与右视基准面为基准中心，如图 3-56、图 3-57 所示。

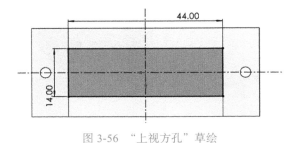

图 3-56 "上视方孔" 草绘

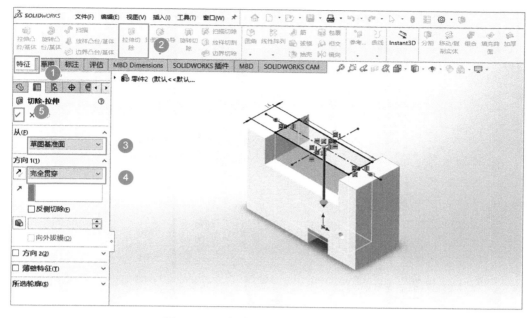

图 3-57　"上视方孔"拉伸切除属性设置

7. 圆角特征

　　选中要圆角化的边线，按工程图修改尺寸，完成圆角修饰特征，如图 3-58 ～图 3-61 所示。

电动机外壳
倒圆角

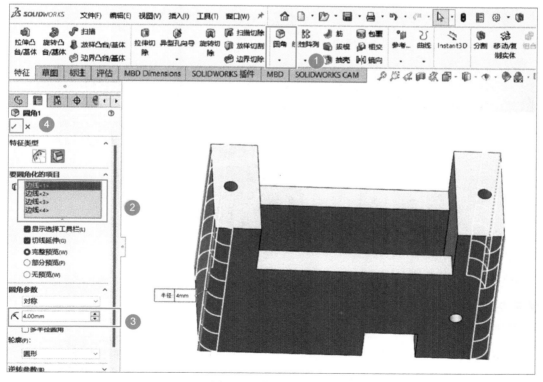

图 3-58　外壳圆角设置

 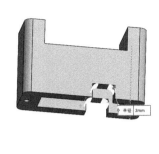

图 3-59 "前视下方孔"圆角

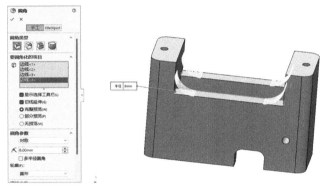

图 3-60 "前视上方孔"圆角 1

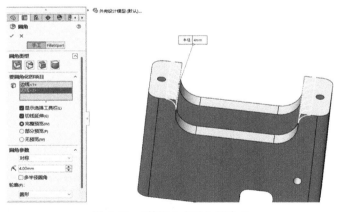

图 3-61 "前视上方孔"圆角 2

至此，完成电动机外壳建模。

▶任务拓展

1）选择机加工零件、3D 成型零件各 1 个，完成其设计分析、零件建模及工程图绘制。

2）通过检索资料，了解面向成本的设计、面向制造的设计、人性化设计及模块化设计的设计理念，完成 1 篇调研报告。

任务 3.2　移动机器人 SolidWorks 组件

▶ 任务目标

1）掌握基于 SolidWorks 组件装配的基本命令。
2）完成移动机器人 SolidWorks 组件设计。
3）理解模块化设计的思想。
4）提升专业软件的应用能力。
5）规范专业学习，提升专业能力，培养专业兴趣，增强专业自信。

▶ 知识储备

一、SolidWorks 组件装配的基本方法与流程

在 SolidWorks 组件装配中常采用模块化设计的思想，将总组件根据功能模块分解为若干个子组件，分别完成子组件内部的装配，而后按照装配关系对子组件实施总体装配，进而生成总组件。其中根据子组件的复杂度又可将其进一步细分，其装配模型树可由二级子组件与零件共同组成。以移动机器人为例，机械臂可看成一级子组件，手爪组件可看成二级子组件，机械臂可由手爪、连杆机构及相关零件共同组成。组件装配关系示例如图 3-62 所示。

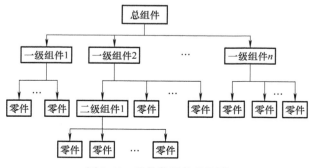

图 3-62　组件装配关系示例

二、SolidWorks 组件装配的常见装配关系及常用操作

移动机器人中重合关系、平行关系、垂直关系及同轴关系为常见装配关系。重合关系包括面与面、面与直线（轴）、直线与直线（轴）、点与面、点与直线之间重合等；平行关系包括面与面、面与直线（轴）、直线与直线（轴）、曲线与曲线之间平行等；垂直关系包括面与面、直线（轴）与面之间的垂直等；同轴关系包括圆柱与圆柱、圆柱与圆锥、圆形与圆弧边线之间具有相同的轴等。下文将简单介绍在 SolidWorks 组件装配中这 4 类装配关系的具体实现。

1.重合

在"配合"属性管理器中，选中两个需要"重合"的面，再在配合栏选中"重合"命令，再单击"√"按钮，零件的两个面就会自动重合，如图3-63所示。

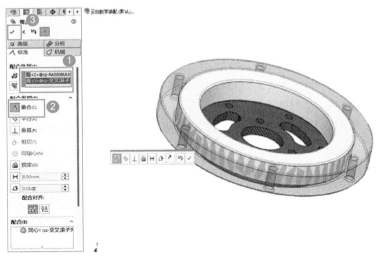

图3-63　重合装配关系示例

2.平行

在"配合"属性管理器中选中两个需要"平行"的面，再在"配合类型"列表中选中"平行"命令，再在下方"距离"栏中输入两个面需要间隔的距离，单击"√"按钮，零件的两个面就会自动平行，如图3-64所示。

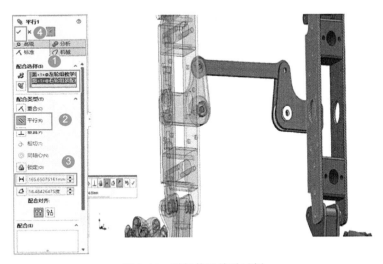

图3-64　平行装配关系示例

3.垂直

在"配合"属性管理器中选中两个需要"垂直"的面，再在"配合类型"列表中选中"垂直"命令，单击"√"按钮，零件的两个面就会自动垂直，如图3-65所示。

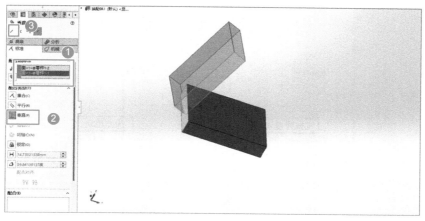

图 3-65　垂直装配关系示例

4. 同轴心

在"配合"属性管理器中选中两个需要"同轴心"的圆面，再在"配合类型"列表中选中"同轴心"命令，单击"√"按钮，零件的两个圆面就会自动同轴心，如图 3-66 所示。

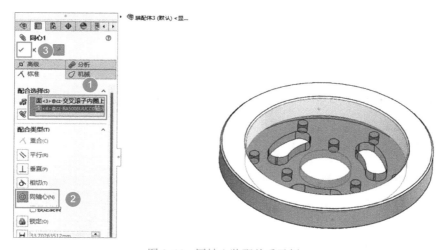

图 3-66　同轴心装配关系示例

▶ 工程实践

一、基于 SolidWorks 的移动机器人组件装配过程分析

移动机器人组件装配过程可根据功能划分为图 3-67 所示结构，其中机械臂模块分解为夹爪、机械臂、云台三个子组件，底盘模块分解为轮组、底盘框架两个子组件，分别完成子组件装配后，再完成总组件的装配。因装配过程常用命令在知识储备中已简单介绍，同时因该机器人零件众多，各子组件及总组件装配过程中步骤较多，下文仅以夹爪子组件为对象，逐步分析夹爪模块各零件的装配，其他子组件模块自行完成。

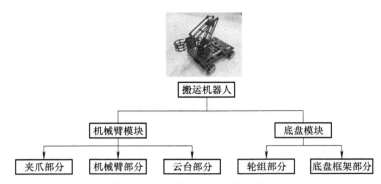

图 3-67 机器人模块化装配关系

二、机械爪装配

机械爪装配中主要有"同轴心"与"重合"两类装配关系及"齿轮"啮合关系。装配时注意安装位置及装配关系的正确选择，通常固连式安装需要从水平、竖直、侧面三个方向完全固定，如果本身有运动自由度，需保留该自由度。此外应合理安排装配顺序，尽量与实物安装步骤一致。

1. 新建文件

依次单击选择菜单栏中的"文件"→"新建"→"装配体"命令，创建一个新的装配文件，如图 3-68 所示。

2. 舵机部位安装

舵机部位主要有舵机、夹爪齿轮安装板 1、舵盘及轴承，如图 3-69 所示。

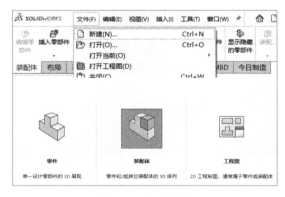

图 3-68 新建装配

图 3-69 舵机模型图

（1）插入舵机 在弹出的"开始装配体"属性管理器中单击"浏览"按钮，选择"电控器件"文件夹中的零件"舵机"将其插入装配界面，如图 3-70 所示。

（2）插入夹爪齿轮安装板 1 选择菜单栏中的"插入"→"零部件"→"现有零件/装配体"命令，或单击

插入舵机和夹爪齿轮安装板

"装配体"工具栏中的"插入零部件"按钮，在弹出的"打开"对话框中选择"夹爪齿轮安装板 1"。从"轴承"文件夹添加新零件"9-17-4 深沟球轴承"，如图 3-71 所示。

图 3-70　添加新零件"舵机"

图 3-71　添加新零件"夹爪齿轮安装板 1"和"9-17-4 深沟球轴承"

（3）添加夹爪齿轮安装板 1 与 9-17-4 轴承及舵机的配合关系

1）单击"装配体"工具栏中的"配合"按钮，添加配合类型，如图 3-72 所示。

> 夹爪齿轮安装板、轴承及舵机的配合

图 3-72　添加配合类型

2）选中 9-17-4 深沟球轴承内孔和夹爪齿轮安装板 1 内径较大圆内圈，添加"同轴心"配合类型，如图 3-73 所示。

3）选中夹爪齿轮安装板 1 任意一面与 9-17-4 轴承一面，添加"重合"配合类型，如图 3-74 所示。

4）选中深沟球轴承内孔与舵机轴内孔面，添加"同轴心"配合类型，如图 3-75 所示。

5）选中深沟球轴承 9-17-4 凸出一面的夹爪齿轮安装板 1 表面与舵机凸台面，添加"重合"配合类型，如图 3-76 所示。

（4）舵盘安装

1）从"夹爪部分文件夹"添加新零件"舵盘"，如图 3-77 所示。

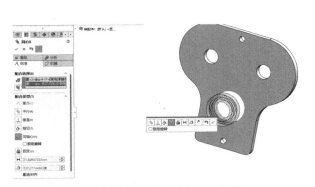

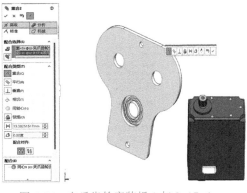

图 3-73　深沟球轴承内孔和夹爪齿轮安
装板 1 的"同轴心"装配设置

图 3-74　夹爪齿轮安装板 1 与 9-17-4
轴承的"重合"装配设置

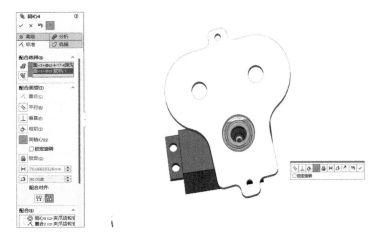

图 3-75　深沟球轴承内孔与舵机轴内孔面的"同轴心"装配设置

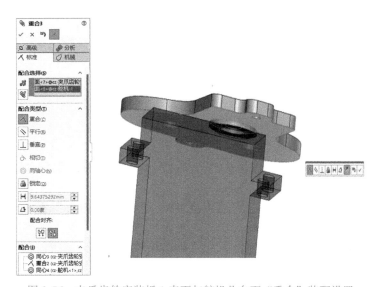

图 3-76　夹爪齿轮安装板 1 表面与舵机凸台面"重合"装配设置

　　2）选择舵盘内孔面与舵机轴内孔添加"同轴心"配合类型，舵盘凸台面应朝向舵机，若不符合可单击切换配合对齐方式，如图 3-78 所示。

　　3）选中舵盘内孔圆面与舵机轴顶面，添加"重合"配合类型，如图 3-79 所示。

　　（5）3-5-0.5 垫片安装

　　1）从"轴承文件夹"添加 4 个 3-5-0.5 垫片，如图 3-80 所示。

　　2）选中 3-5-0.5 垫片内孔面与舵机任一内圆面，添加"同轴心"配合类型，如图 3-81 所示。

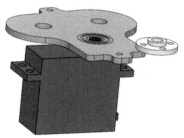

图 3-77　添加新零件"舵盘"

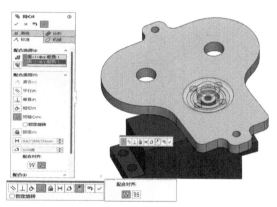

图 3-78　舵盘内孔面与舵机轴内孔
"同轴心"装配设置

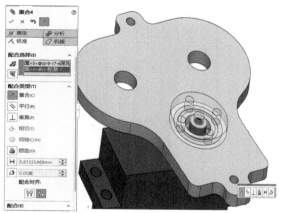

图 3-79　舵盘内孔圆面与舵机轴顶面
"重合"装配设置

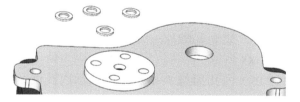

图 3-80　添加新零件"3-5-0.5 垫片"

　　3）选中上一步骤中垫片任一面与舵盘上平面，添加"重合"配合类型，使垫片在舵盘上方，如图 3-82 所示。

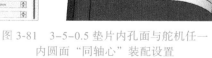

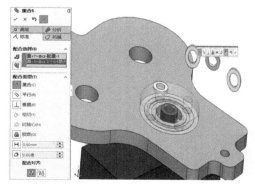

图 3-81　3-5-0.5 垫片内孔面与舵机任一
内圆面"同轴心"装配设置

图 3-82　垫片任一面与舵盘上平面
"重合"装配设置

4）剩余垫片操作重复上述操作。

（6）3-8-3 法兰轴承安装

1）从"轴承文件夹"添加新零件 3-8-3 法兰轴承，选中轴承内孔面与夹爪齿轮安装板 1 的 8mm 孔的内孔面，添加"同轴心"配合类型，如图 3-83 所示。

2）选中 3-8-3 法兰轴承法兰圈面与夹爪齿轮 1 下平面，添加"重合"配合类型，如图 3-84 所示。

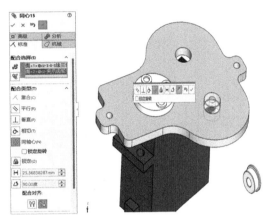 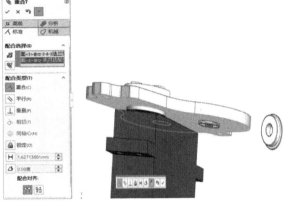

图 3-83　轴承内孔面与夹爪齿轮安装板 1　　　　图 3-84　法兰轴承法兰圈面与夹爪齿轮 1
孔的内孔面的"同轴心"装配设置　　　　　　　　　　下平面"重合"装配设置

3）剩余 3-8-3 法兰轴承重复上述操作。

3. 主齿爪部位安装

齿爪安装

（1）齿爪安装

1）从"夹爪部分文件夹"添加新零件。"齿爪 1"（M2Z15）与"齿爪 2"（M2Z15）二者相似并不相同，如图 3-85 所示。

2）选中齿爪 1（M2Z15）内孔面与 3-8-3 法兰轴承内孔面，添加"同轴心"配合类型，如图 3-86 所示。

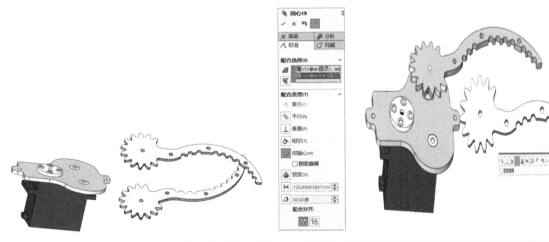

图 3-85　添加新零件"齿爪 1"与"齿爪 2"　　图 3-86　齿爪 1 内孔面与法兰轴承内孔面"同轴心"装配设置

3）选中齿爪 1 下平面与齿爪齿轮安装板 1 上平面，添加 "重合" 配合类型，如图 3-87 所示。

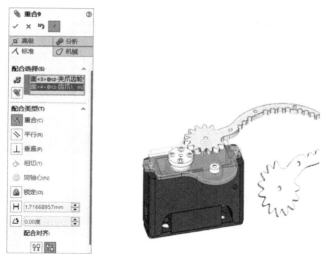

图 3-87　齿爪 1 下平面与齿爪齿轮安装板 1 上平面 "重合" 装配设置

4）对齿爪 2 重复上述步骤，如图 3-88 所示。

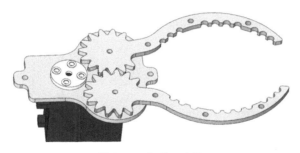

图 3-88　齿爪 2 安装

（2）直齿轮与齿轮垫块安装

1）从 "夹爪部分文件夹" 添加新零件 "直齿轮 2"（M2Z14）与 "齿轮垫块"，如图 3-89 所示。

图 3-89　添加新零件 "直齿轮 2" 与 "齿轮垫块"

2）选中直齿轮 2 内孔面与齿爪 2 内孔面，添加 "同轴心" 配合类型，选择直齿轮 2 下平面与齿爪 2 上平面，添加 "重合" 配合类型，如图 3-90 及图 3-91 所示。

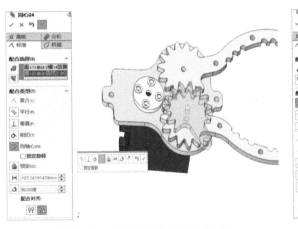

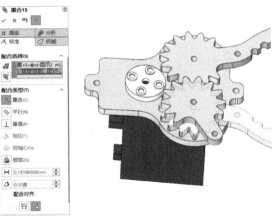

图 3-90　直齿轮 2 内孔面与齿爪 2
内孔面"同轴心"装配设置 1

图 3-91　直齿轮 2 下平面与齿爪 2
上平面"重合"装配设置

3）选中直齿轮 2 内孔面与齿爪 2 内孔面，添加"同轴心"配合类型，如图 3-92 所示。

4）对齿轮垫块进行装配，从"夹爪部分文件夹"添加新零件"直齿轮 1"，如图 3-93 所示。

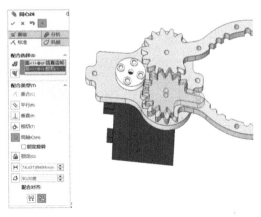

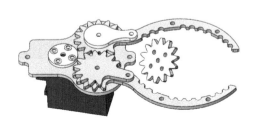

图 3-92　直齿轮 2 内孔面与齿爪 2
内孔面"同轴心"装配设置 2

图 3-93　添加新零件"直齿轮 1"

5）选中直齿轮下平面与 3-5-0.5 垫片上平面，添加"重合"配合类型，选中中间 3-5-0.5 垫片内孔与直齿轮 1 内孔，添加"同轴心"配合类型。选中直齿轮四周任意一孔与舵盘上任意一四周垫片，添加"同轴心"配合类型，如图 3-94 ～图 3-97 所示。

6）在"装配体"工具栏中，单击选择"配合"→"标准"命令，选中舵机与夹爪齿轮安装板 1，添加"平行"配合类型，如图 3-98 所示。

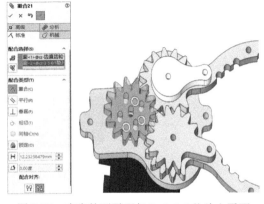

图 3-94　直齿轮下平面与 3-5-0.5 垫片上平面
"重合"装配设置

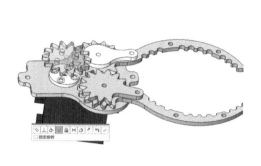
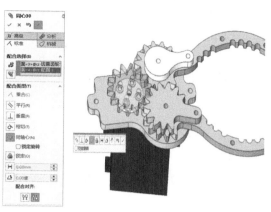

图 3-95　3-5-0.5 垫片内孔与直齿轮 1 内孔"同轴心"装配设置

图 3-96　直齿轮四周任意一孔与舵盘垫片"同轴心"装配设置

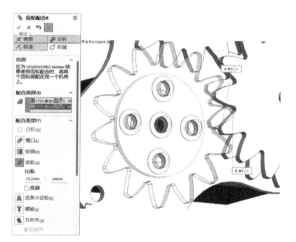

图 3-97　直齿轮 1 与直齿轮 2 "齿轮"装配设置

图 3-98　舵机与夹爪齿轮安装板 1 "平行"装配设置及安装效果图

7）在"装配体"工具栏中，单击选择"配合"→"机械"→"齿轮"命令，选择齿爪 1 与齿爪 2 的齿面，添加"齿轮"配合类型，如图 3-99 所示。

8）3-5-0.5 垫片安装：从"轴承文件夹"添加新配件 3-5-0.5 垫片，选中 3-5-0.5 垫片任一面与夹爪齿轮垫块上平面，添加"重合"配合类型；选中垫片内孔面与夹爪齿轮垫块内孔面，添加"同轴心"配合类型，如图 3-100～图 3-102 所示。同样步骤添加另一垫片的配合类型。

（3）夹爪齿轮安装板 2 安装

1）从"夹爪部分文件夹"添加新零件"夹爪齿轮安装板 2"，如图 3-103 所示。

2）选中夹爪齿轮安装板 2 下平面与 3-5-0.5 垫片上平面，添加"重合"配合类型，如图 3-104 所示。

夹爪齿轮安装板 2 安装

3）选中 3-5-0.5 垫片与夹爪齿轮安装板 2 内孔面，添加"同轴心"配合类型，如图 3-105 所示。

（4）舵机外壳安装

1）从"夹爪部分文件夹"添加新零件"舵机外壳"，注意区分舵机外壳上平面，如图 3-106 所示。

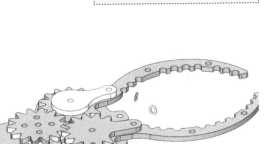
舵机外壳安装

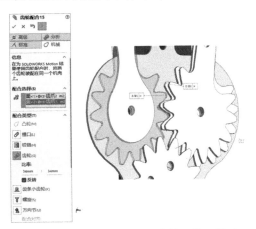

图 3-99　齿爪 1 与齿爪 2"齿轮"装配设置

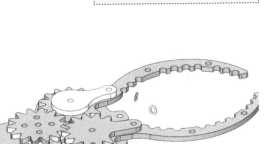

图 3-100　添加新零件"3-5-0.5 垫片"

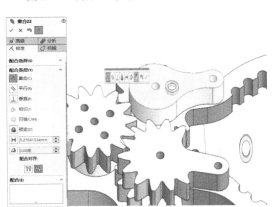

图 3-101　垫片与夹爪齿轮垫块"重合"装配设置

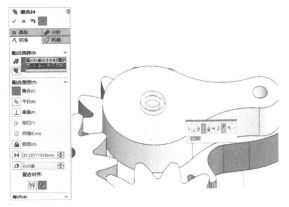

图 3-102　垫片内孔面与夹爪齿轮垫块内孔面"同轴心"装配设置

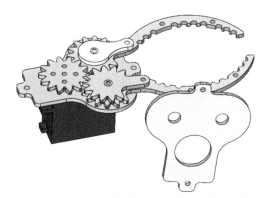

图 3-103　添加新零件"夹爪齿轮安装板 2"

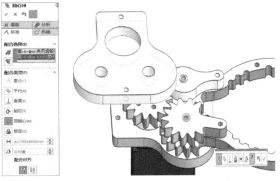

图 3-104　夹爪齿轮安装板 2 下平面与 3-5-0.5 垫片上平面的"重合"装配设置

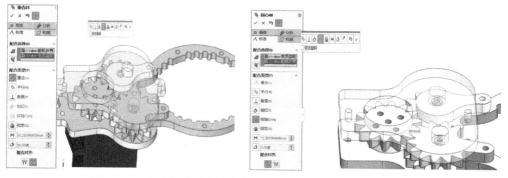

图 3-105　垫片与夹爪齿轮安装板 2 内孔面"同轴心"装配设置

2）选中舵机外壳上平面与夹爪齿轮安装板 1 下平面，添加"重合"配合类型，如图 3-107 所示。

图 3-106　添加新零件"舵机外壳"

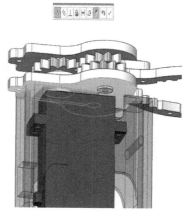

图 3-107　舵机外壳上平面与夹爪齿轮安装板 1
下平面"重合"装配设置

3）选中舵机外壳孔柱面与夹爪齿轮 1 内孔面，添加"同轴心"配合类型，注意孔柱对应孔面，如图 3-108 所示。

4）选中舵机外壳侧面与舵机侧面，添加"重合"配合类型，如图 3-109 所示。

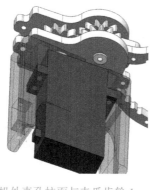

图 3-108　舵机外壳孔柱面与夹爪齿轮 1
内孔面"同轴心"装配设置

图 3-109　舵机外壳侧面与舵机侧面
"重合"装配设置

（5）夹爪舵机上夹板安装

1）从"夹爪部分文件夹"添加新零件"夹爪舵机上夹板"，如图 3-110 所示。

2）选中夹爪舵机上夹板上平面与舵机外壳下平面，添加"重合"配合类型，如图 3-111 所示。

夹爪舵机
上夹板安装

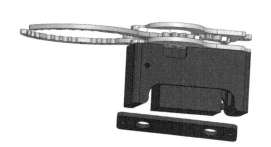

图 3-110　添加新零件"夹爪舵机上夹板"

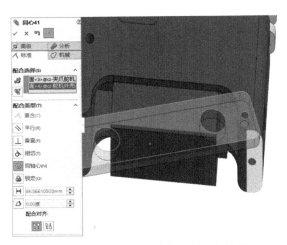

图 3-111　夹爪舵机上夹板上平面与舵机
外壳下平面"重合"装配设置

3）选中舵机上夹板外孔与舵机外壳外孔，添加"同轴心"配合类型，如图 3-112、图 3-113 所示。

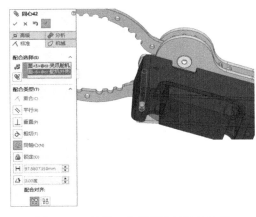

图 3-112　舵机上夹板外孔与舵机外壳
外孔"同轴心"装配设置 1

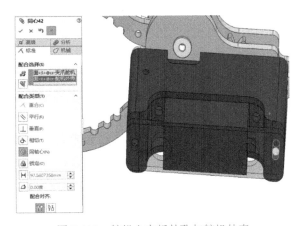

图 3-113　舵机上夹板外孔与舵机外壳
外孔"同轴心"装配设置 2

（6）法兰轴承安装

1）从"轴承文件夹"添加新零件"3-8-3 法兰轴承"，如图 3-114 所示。

法兰轴承安装

2）选中 3-8-3 法兰轴承内孔面与夹爪齿轮安装板 2，添加"同轴心"配合类型；选择法兰下平面与夹爪齿轮安装板 2 上平面，添加"重合"配合类型，如图 3-115、图 3-116 所示。

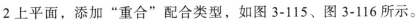

图 3-114　添加新零件"3-8-3 法兰轴承"

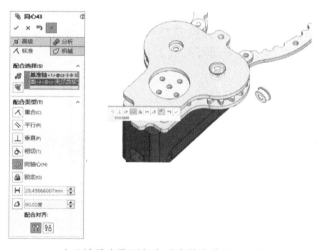

图 3-115　3-8-3 法兰轴承内孔面与夹爪齿轮安装板 2"同轴心"装配设置

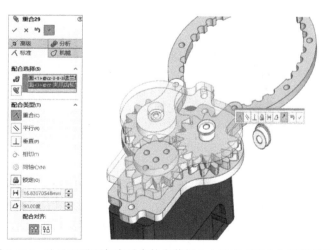

图 3-116　法兰下平面与夹爪齿轮安装板 2 上平面"重合"装配设置

4. 上下配爪部位安装

（1）添加新零件　从"夹爪部分"文件夹添加新配件，即 4 个"配爪"与 8 个"夹爪柱体"，如图 3-117 所示。

图 3-117　添加新零件 4 个"配爪"与 8 个"夹爪柱体"

（2）夹爪柱体安装

1）选中 1 个夹爪柱体（下文称为夹爪柱体 1）内孔与夹爪 2 的一内孔，添加"同轴心"配合类型，选择夹爪柱体 1 上平面与夹爪 2 下平面，添加"重合"配合类型，如图 3-118、图 3-119 所示。

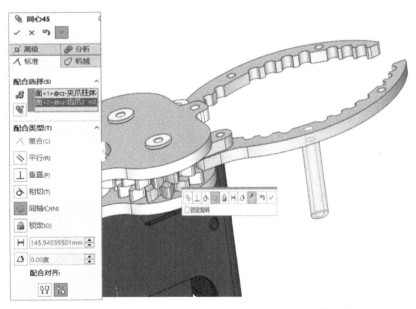

图 3-118　夹爪柱体 1 内孔与夹爪 2 内孔"同轴心"装配设置

2）选中已安装夹爪柱体 1 内孔与配爪内孔，添加"同轴心"配合类型；选中已安装夹爪柱体 1 下平面与配爪上平面，添加"重合"配合类型。其他夹爪柱体同样方法安装，如图 3-120、图 3-121 所示。4 个配爪柱体安装完效果如图 3-122 所示。

3）同样步骤安装上半部配爪与配爪柱体，安装效果如图 3-123 所示。

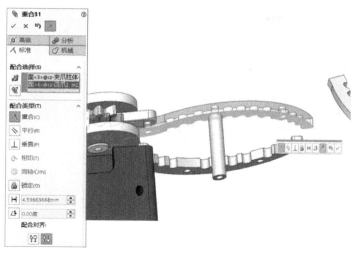

图 3-119　夹爪柱体 1 上平面与夹爪 2 下平面"重合"装配设置

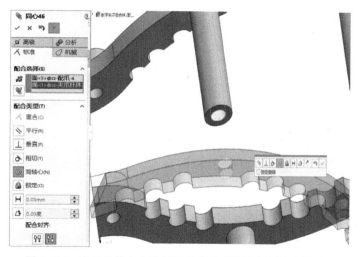

图 3-120　夹爪柱体 1 内孔与配爪内孔"同轴心"装配设置 1

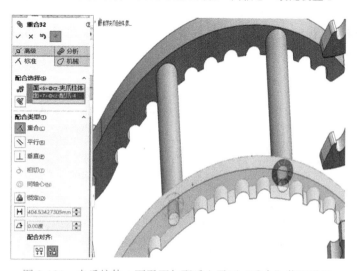

图 3-121　夹爪柱体 1 下平面与配爪上平面"重合"装配设置

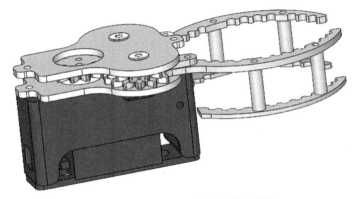

图 3-122　4 个配爪柱体安装完效果图

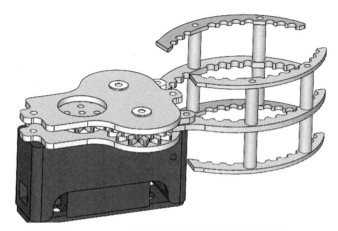

图 3-123　上半部配爪与配爪柱体安装效果图

（3）连接打印件安装

1）从"夹爪部分"文件夹添加新零件并配合，插入"连接打印件 1"与"连接打印件 2"，选中连接打印件 1 内孔与夹爪齿轮安装板 2 内孔，添加"同轴心"配合类型，选中连接打印件 1 下平面与夹爪齿轮安装板 2 上平面，添加"重合"配合类型，选中连接打印件 1 侧面与夹爪齿轮安装板 2 侧面，添加"平行"配合类型，如图 3-124 ～图 3-127 所示。

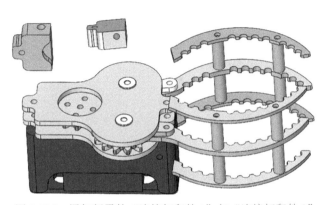

图 3-124　添加新零件"连接打印件 1"与"连接打印件 2"

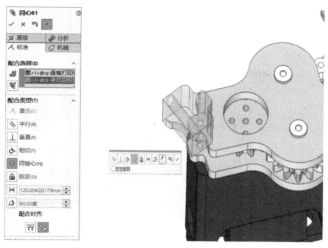

图 3-125　连接打印件 1 内孔与夹爪齿轮安装板 2 内孔"同轴心"装配设置

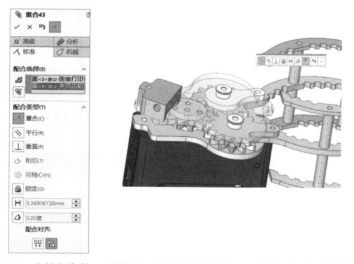

图 3-126　连接打印件 1 下平面与夹爪齿轮安装板 2 上平面"重合"装配设置

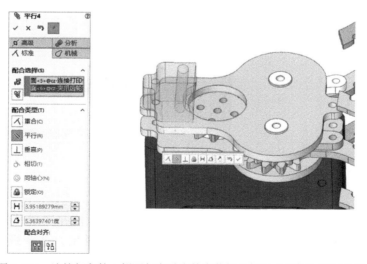

图 3-127　连接打印件 1 侧面与夹爪齿轮安装板 2 侧面"平行"装配设置

2）同理对连接打印件 2 添加配合类型，注意装配方向，如图 3-128 所示。

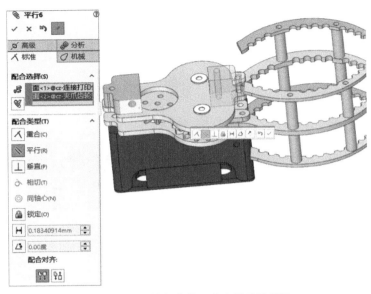

图 3-128　连接打印件 2 装配设置效果图

5. 螺栓固定夹爪

1）M3×75 杯口螺栓安装，从"螺栓"文件夹插入新零件 M3×75 杯口螺栓。选中螺栓表面与连接打印件 1 内孔，添加"同轴心"配合类型，选中连接打印件 1 上表面与螺栓杯头下表面，添加"重合"配合类型，同理对第二根螺栓与连接打印件 2 添加配合，如图 3-129、图 3-130 所示。

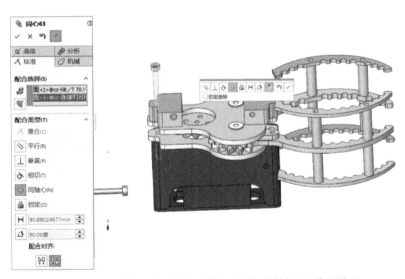

图 3-129　螺栓表面与连接打印件 1 内孔"同轴心"装配设置

2）同理从"螺栓"文件夹添加新零件 M3×20 杯头螺栓并完成装配。选中 M3×20 螺栓柱面与 3-8-3 法兰轴承内孔，添加"同轴心"配合类型，选中螺栓杯头下平面与 3-8-3 法兰轴承上平面，添加"重合"配合类型，如图 3-131、图 3-132 所示。

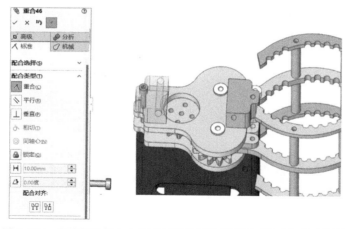

图 3-130　连接打印件 1 上表面与螺栓杯头下表面 "重合" 装配设置

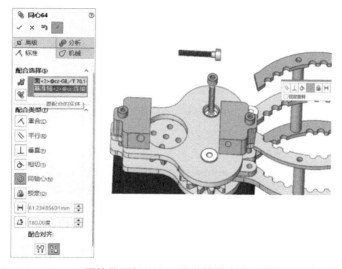

图 3-131　M3×20 螺栓柱面与 3-8-3 法兰轴承内孔 "同轴心" 装配设置

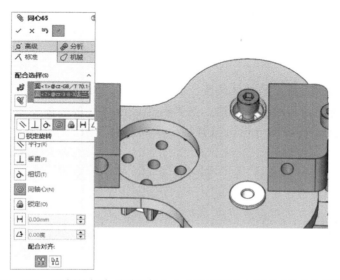

图 3-132　M3×20 螺栓杯头下平面与 3-8-3 法兰轴承上平面 "重合" 装配设置

3）同理从"螺栓"文件夹添加新零件 M3×10 杯头螺栓、M3×55 杯头螺栓、M3×6 杯头螺栓。M3×10 杯头螺栓与直齿轮 2 "重合"装配设置如图 3-133 所示。图 3-134 为 M3×55 杯头螺栓与配爪装配前后效果图。

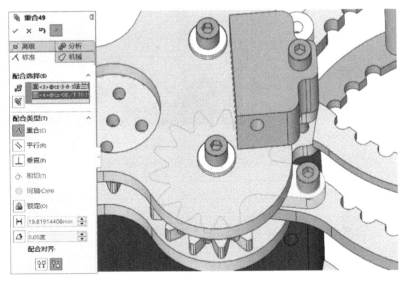

图 3-133　M3×10 杯头螺栓与直齿轮 2 "重合"装配设置

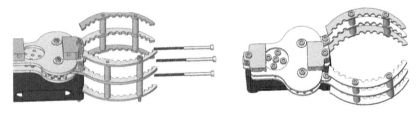

图 3-134　M3×55 杯头螺栓与配爪装配前后效果图

至此，基于 SolidWorks 的夹爪模块装配完成。

其他模块装配因基本命令相似，过程不在此一一赘述。

▶ 任务拓展

1）团队完成移动机器人的整体装配，每人完成一个模块的装配。

2）自主研究装配动画的制作方法，选择一个装配体完成装配动画。

3）在 SolidWorks 环境中分析机械臂和手爪的运动关系。

任务 3.3　硬件架构及接线实践

▶ 任务目标

1）掌握硬件架构图的绘制。

2）掌握硬件接线方法。

3）熟练使用电控工具，完成硬件接线。

4）通过硬件接线，培养学生规范意识。

▶ **知识储备**

一、机器人硬件架构分析

机器人硬件设计主要包括供电系统、感知系统、控制系统、人机交互的硬件选型与电路设计，为控制软件实现机器人功能提供可靠、安全、稳定的硬件平台。图 3-135 为实验用移动机器人的控制硬件架构图。

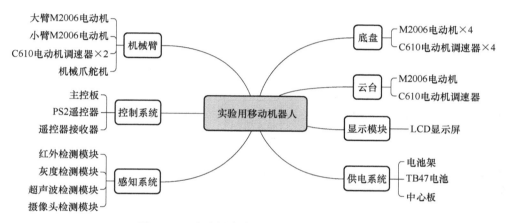

图 3-135　实验用移动机器人控制硬件架构图

供电系统采用 TB47 电池及配套电池架，该电池提供 24V 电压给 RoboMaster 中心板和 STM32 主控板，中心板提供 7 路端口接电动机驱动模块，C610 电动机调速器供电给 7 路 M2006 直流无刷电动机，控制系统选用自主研发的 STM32 主控板为主控单元，该主控板可输入 24V 电压，输出 5V 和 3.3V 电压，控制模式有遥控器控制和全自动自主运行控制两种模式。驱动装置采用 7 路直流无刷电动机和 1 路舵机，用于四轮底盘、4 自由度机械臂的云台旋转、大小臂伸长与抬升、机械爪开合等运动的实现。机器人通过红外、灰度、超声波、摄像头等外部传感器感知环境信息并传递给主控板进行电动机动作的判断决策。传感器模块、LCD 显示模块均需要 5V 电压供电，电压过高会导致模块损坏，电压过低会导致模块不能正常工作。系统整体硬件连接结构如图 3-136 所示。

二、硬件接线的基本流程及注意事项

1. 硬件接线的基本流程

1）按照物料清单检查控制硬件是否齐全，并测试硬件是否完备无损。

2）检查主控板是否正常工作。为防止因主控板损坏而导致其他元器件损坏，在接线最开始时，需要给主控板供电，观察主控板 LED 指示灯是否正常点亮闪烁。当检测主控板正常后，再继续后续的接线流程。如果主控板异常，则关闭电源后触摸芯片，若发现严重发烫，则需要更换主控板。

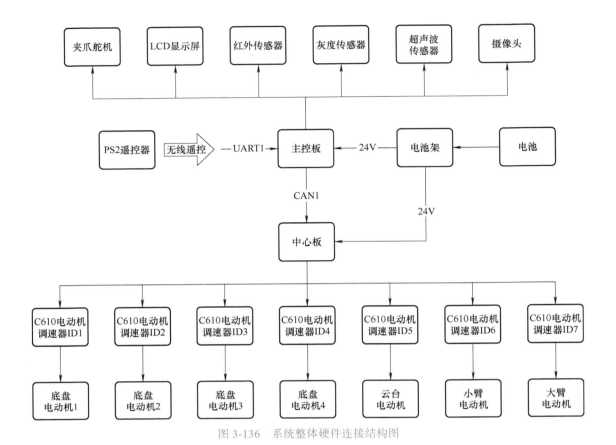

图 3-136　系统整体硬件连接结构图

3）按照硬件连接结构图，依次完成硬件接线。在所有接线过程中，要特别注意引脚是否对应正确，并认真检查电源正负极的接线是否正确，往往很多问题都是因为接反、接错等原因导致的。

4）分模块检查接线是否正确。

5）分模块测试元器件是否正常工作。

6）测试整机是否正常工作。

7）整理现场，工具归位，打扫卫生。

2. 硬件接线的注意事项

1）切勿接反电源正负极。

2）切勿带电接线。

3）切勿湿手接线。

4）切勿使导电物体遗留在主控板上。

5）所有接线结束后，需要再次检查电源线是否正确再开启电源。

6）注意机械运动而导致牵扯线路断开的情况，预留活动空间。

7）切勿让机械结构挤压线路。

8）远离静电。

► 工程实践

一、硬件接线的常用工具

硬件接线常用工具有万用表、尖嘴钳、镊子、束线带、扎带等。表 3-1 为常用硬件接线工具。

表 3-1　常用硬件接线工具

工具	样图	用途	工具	样图	用途
万用表		用于故障检测	尖嘴钳		用于装卸硬件安装位置
镊子		用于空间较小的线路连接	束线带		用于整理线路、保护线路

二、硬件接线实践

硬件接线主要包括电源与主控板及中心板接线、电动机与电动机调速器及中心板接线、舵机接线、传感器接线、显示屏接线及遥控器接收机接线等。所有硬件的接线一定要特别注意 VCC 和 GND 不能连接错误，否则模块甚至主控板可能会损坏。接线完成后认真检查电路及对应接口，并借助测量工具检测电路是否正确连接。

1. 电源、主控板、中心板接线

电源是所有硬件模块运行的前提，中心板和主控板的供电采用并联的方式连接至电源接口，在确保主控板正常工作的同时也能保障电动机以正常功率运行。图 3-137 为主控板供电接口连接示意图，其与中心板供电接口和电源连接接口均有防反接、防接错处理，因此将接口连接至对应位置即可。

图 3-137　主控板供电接口连接示意图

2. 电动机、电动机调速器、中心板接线

M2006 电动机经由配套电动机调速器 C610 连接至电路中，一个 M2006 电动机连一个 C610 电动机调速器，C610 电动机调速器接口连接至电动机调速器中心板对应的供电接口及 CAN 线接口，接线时不需区分接线接口，接线完成后将电动机调速器 ID 调成

CAN 线接口相对应的 ID 即可。

此处电动机共有四个底盘电动机、一个云台电动机、一个机械臂大臂电动机、一个机械臂小臂电动机，均需要连接 C610 电动机调速器，再由电动机调速器连接至中心板上。中心板上设有多路接口用于连接电动机调速器，连接接口不需区分，通常建议按照使用习惯连接，并在线路上贴上对应标记，以便查找与观测电动机工作情况。图 3-138 为其接线示意图。

a) 电动机与电动机调速器接线　　　　　　　b) 电动机调速器与中心板接线

图 3-138　电动机、电动机调速器、中心板接线示意图

以上步骤操作完毕后，接下来对电动机调速器 ID 进行设置。先将所有的电动机连接 C610 电动机调速器并且连上中心板，然后将电池供电接口接上，电池打开后，可以看到电动机调速器闪绿灯。接下来进行电动机调速器 ID 设置，设置方法为：先按电动机调速器上的按键一次（进入设置模式），接下来按下 n 次后等待发出响声，即可设置 ID 为 n（如按下 4 次后等待发出响声，即可设置 ID 为 4）。辨别 ID 的方法：看电动机调速器上闪烁的绿灯，连续闪 n 次，ID 就为 n。将电动机调速器 ID 调成如图 3-139 所示的电动机 ID。

图 3-139　电动机调速器 ID 设置

3. 舵机接线

舵机接线需注意 GND、VCC、信号线与主控板对应相连，具体可参看图 3-140 及表 3-2。

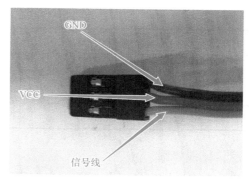

图 3-140　舵机接线引脚说明

表 3-2　舵机接线引脚对应关系

舵机	主控板（P48）
GND	GND_M
VCC	5V_M
信号线	PB9

4. 超声波传感器接线

超声波传感器有 4 个引脚，包括 VCC、Trig、Echo、GND，按照表 3-3 的引脚对应关系，用杜邦线将超声波传感器的引脚与主控板相连。

表 3-3　超声波传感器接线引脚对应关系

超声波模块	主控板（P44）
VCC	5V
Trig	PE0
Echo	PE1
GND	GND

5. 红外传感器接线

红外传感器调节旋钮及引脚如图 3-141 所示。距离调节旋钮可以调节红外传感器的检测距离，从而达到理想的检测效果。图 3-141 中所对应的线颜色注意区分，接线引脚对应关系见表 3-4。

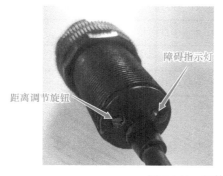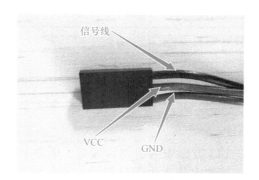

图 3-141　红外传感器调节旋钮及引脚

表 3-4　红外传感器接线引脚对应关系

左红外传感器	主控板（P40）	右红外传感器	主控板（P41）
VCC	5V	VCC	5V
GND	GND	GND	GND
信号线	PD2	信号线	PD3

6.灰度传感器接线

在图 3-142 中，方框所示位置的旋钮，可调节灰度传感器的灵敏度，使自动巡线时的检测更为灵敏。在接线时，使用母对母的杜邦线进行连接，特别要注意 VCC 和 GND 是否连接正确，连接错误有可能导致模块或主控板损坏，前后灰度传感器对应连接主控板的引脚见表 3-5。

图 3-142　灰度传感器灵敏度调节旋钮位置示意图

表 3-5　前后灰度传感器接线引脚对应关系

前灰度传感器	主控板（P42）	后灰度传感器	主控板（P43）
VCC	5V	VCC	5V
GND	GND	GND	GND
L1（OUT5）	L1	L1（OUT5）	L1
L2（OUT6）	L2	L2（OUT6）	L2
L3（OUT7）	L3	L3（OUT7）	L3
L4（OUT8）	L4	L4（OUT8）	L4
R1（OUT4）	R1	R1（OUT4）	R1
R2（OUT3）	R2	R2（OUT3）	R2
R3（OUT2）	R3	R3（OUT2）	R3
R4（OUT1）	R4	R4（OUT1）	R4

7.摄像头接线

图 3-143 方框中为摄像头接口，图 3-144 方框中为主控板接口，其中接口位置均有丝印标明，接线时依次为接口接线，其引脚对应关系见表 3-6。

图 3-143　摄像头接口

图 3-144　摄像头接线示意图

表 3-6　摄像头接线引脚对应关系

摄像头	主控板（P8）	摄像头	主控板（P8）
GND	GND	VCC	3.3V
SCL	SCL	VSYNC	VSYNC
SDA	SDA	HREF	HREF
D0	D0	RESET	RESET
D2	D2	D1	D1
D4	D4	D3	D3
D6	D6	D5	D5
PCLK	PCLK	D7	D7
PWDN	PWDN	XCLK	XCLK

8. LCD 显示屏接线

在主控板上已为 LCD 显示屏留有母口直插位置，可以采用直插的方式进行连接，图 3-145 为连接位置示意图，图 3-146 为正确连接示意图。若需安装其他位置需要杜邦线连接时，则应保障所有连接接口均正确连接。LCD 显示屏直插接线引脚对应关系见表 3-7。

图 3-145　LCD 显示屏直插方式连接位置示意图

图 3-146　LCD 显示屏直插方式正确连接示意图

表 3-7 LCD 显示屏直插接线引脚对应关系

LCD 显示屏	主控板（TFTLCD）	LCD 显示屏	主控板（TFTLCD）
CS	CS	RS	3.3V
WR	WR	RD	RD
RST	RST	D0	D0
D1	D1	D2	D2
D3	D3	D4	D4
D5	D5	D6	D6
D7	D7	D8	D8
D9	D9	D10	D10
D11	D11	D12	D12
D13	D13	D14	D14
D15	D15	GND	GND
BL	BL	VDD	VDD
VDD	VDD	GND	GND
GND	GND	VDD	VDD
MISO	MISO	MOSI	MOSI
PEN	PEN	MO	MO
TCS	TCS	CLK	CLK

9. 遥控器接收器接线

图 3-147 所示为遥控器接收器接线示意图，使用杜邦线依照表 3-8 进行接线。

图 3-147　遥控器接收器接线示意图

表 3-8 遥控器接收器接线引脚对应关系

遥控器接收器	主控板（P52）	遥控器接收器	主控板（P52）
CLK	CLK	DAT	DAT
CS	CS	VCC	VCC
CMD	CMD	GND	GND

三、硬件接线的成效验证

1. 灰度接线成效验证

当线路连接完毕后，开启电源，灰度下方发光二极管会发出白色灯光，并且当照在白色平面上时，对应灰度上方的指示灯会亮起，反之则熄灭。

2. 红外接线成效验证

当线路连接完毕后，开启电源，红外传感器前方有障碍物时，后方的指示灯会亮起，障碍物移除之后，会熄灭。

3. 电动机接线成效验证

当线路连接完毕后，开启电源，若电动机均会发出响声，电动机调速器正常闪烁对应的 ID，则遥控器遥控小车能够运动。

4. 超声波接线成效验证

当线路连接完毕后，开启电源，若遥控小车到达障碍物前面，不能继续前进，则超声波正常。

5. 舵机接线成效验证

当线路连接完毕后，开启电源，夹爪会正常到达关闭位置，此时有手稍微用力无法掰开夹爪，舵机正常。

6. LCD 接线成效验证

当线路连接完毕后，开启电源，若 LCD 显示屏显示画面，则 LCD 正常。

7. 摄像头接线成效验证

当线路连接完毕后，开启电源，若使用遥控器打开摄像头检测，LCD 正常显示检测画面，则摄像头正常。

8. 遥控器接线成效验证

当线路连接完毕后，开启电源，若遥控器任何按键都不能使小车运动（包括切换自动模式），则遥控器接线存在问题，需要关电检查线路连接。

▶ 任务拓展

1）熟悉并完成元器件的硬件接线，绘制硬件系统构成思维导图。

2）检查硬件接线的正确性，总结接线流程与接线注意事项，并思考电控硬件选用与安装对结构设计的影响。

任务 3.4 移动机器人实物组装

▶ 任务目标

1）熟练使用装配工具。

2）完成四轮底盘、机械臂及整机实物组装。

3）培养精益求精的工匠精神，提高善于解决问题的实践能力，磨炼吃苦耐劳的个人意志。

▶ 知识储备

一、机器人装配流程

装配通常可理解为根据规定的技术要求，将零部件进行配合和连接，使之成为半成品或成品的过程。

机器人装配过程可分为零部件安装和硬件电路接线两部分，通常宜采用分模块安装，在结构安装的同时，要兼顾控制电路的铺设及后续接线的便捷，各模块装配完成后立刻进行检查和测试，及时发现问题，以避免整机安装后出现问题造成较大工作量的浪费，确保各模块独立性能测试完成后再将各模块整合，完成整机总体装配与整机性能测试。基本装配流程可分为：装配前准备工作、装配实施、装配检查与整理、装配体的性能测试。

1. 装配前准备工作

1）准备好装配图样或装配模型，熟悉物料清单。

2）依照装配图样将所需零部件备齐并检查零部件是否与图样相符、是否存在丢失与损坏。

3）将所需安装工具备齐，包括各种型号扳手、螺钉旋具、接线钳、剪刀、万用表等。

4）安装前确保安装人员具备一定的安装技巧和安全意识，装配过程如果存在危险过程务必做好保护措施。

2. 装配实施

装配实施过程可参考 SolidWorks 环境下装配步骤分模块完成，电控线路接线可参考任务 3.3 硬件接线过程完成。装配时可多人配合完成，需严格遵守装配关系、安装位置及安装要求安装，不破坏原有结构，遇到装配问题先对照安装图样确定出现问题的部分。

3. 装配检查与整理

1）对照安装图样及物料清单检查安装是否正确、是否漏装。确定安装后的机器人各模块是否能够完成工作要求，检查各紧固件是否有松动。

2）检查零部件是否有损坏、变形、缺失。

3）检查线路是否插接可靠、正确。

4）检查静止或运动状态下机器人是否有电路短路或线路扯断的可能，尤其注意导电材质零部件的工作环境。

5）检查运动部件是否能正常运动，行程是否正常，运动时有无干涉。

6）根据检查结构调整装配。

7）将安装工具收好放回原处，将机器人备用零部件及备用模块收好保存，方便更换或者维修时使用，将安装场地清理干净。

4. 装配体的性能测试

1）给予机器人适当的力来测试机器人的结构强度。

2）检查移动机器人底盘轮组抓地性能，各轮子是否能同时着地。

3）若机器人有减震系统则需要施加适当压力后释放观察结构的回弹情况。

4）通、断电观察各电动机是否按设计设定执行工作，包括初始位置、行程、功率、加减速及堵转情况等。

5）若机器人含有机械臂，检测每一个活动关节自由度，测量其活动范围。

6）在其他结构正常的情况下运行测试其工作时的基本功能是否正常，如运动速度、转弯半径、弹跳能力、夹取能力等。

二、机器人装配的注意事项及常见问题

1）螺栓不能随意安装，应选择合适长度的螺栓，对称多个螺栓拧紧方法应采用对称顺序逐步拧紧，螺栓与螺母拧紧后，螺栓应露出螺母 1 ～ 2 个螺距；当螺钉在紧固运动装置或维护时，假如无须拆卸零部件，则装配前螺钉上应加涂螺纹胶。

2）连接件应从中间向两方向对称逐步拧紧。

3）轴承安装时要保证其同轴度，安装过程中避免破坏轴承滚珠。

4）在安装时避免破坏零部件，尤其安装时注意不要扯断电线。

5）电动机固定安装时，注意螺纹拧入深度，切记不要过度拧入以免弄坏电动机内部接口与结构。

▶ 工程实践

一、工具准备

常用工具包括接线工具和结构件装配工具，详见表 3-9。

表 3-9　常用工具

工具	数量	工具	数量
2.5mm 内六角螺钉旋具	1	尖嘴钳	1
3.0mm 内六角螺钉旋具	1	镊子	1
4.0mm 内六角螺钉旋具	1	万用表	1

二、安装过程分解

如图 3-148 所示，实物装配过程和软件组件装配过程一致，分模块安装的同时兼顾电控元器件的接线及各模块装配检查及性能测试。

三、整机安装检查与性能测试

待所有硬件模块安装完毕之后，再次检查线路是否有断开以及错接的情况，若没有问题，则按照以下步骤依次进行测试：

1）开启电源，检查板载 LED 灯及 LCD 显示屏是否正常显示。

2）使用遥控器测试底盘移动是否正常，若移动方向不正确，检查电动机调速器 ID

是否对应。在底盘移动方向正确的情况下，测试其前后左右移动速度、转向速度是否正常。

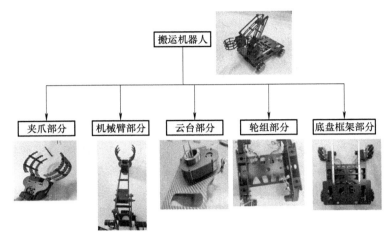

图 3-148　模块化装配实物示例

3）使用遥控器测试机械臂运动角度和速度是否正常，若运动不正常，先检查云台、大臂、小臂电动机 ID 是否正确，待机械臂运动正常后再测试夹爪的闭合与开启范围，如有问题，检查舵机初始化角度安装是否正确。

4）使用遥控器切换到自动运行模式，将机器人放置到实际场地中的起始点，若不能很好地循线运动，则需要调节灰度的灵敏度。若在盲道区域产生碰撞，则需调节红外传感器的灵敏度。若对行进过程中的障碍物无法避障，则需调节超声波传感器的安装方向。若对物料的识别有问题，则需要检查摄像头是否安装正确、镜头是否洁净以及目标识别程序中的相关参数是否设置正确。

▶ 任务拓展

1）完成移动机器人的实物安装，分析总结安装时常见问题及解决方法。

2）完成移动机器人的硬件接线，分析硬件接线时注意事项、常见问题及解决方案。

3）检查移动机器人的装配有效性，确保轮组四轮抓地性好且行走平顺、云台安装可靠且转动灵活、机械臂结构稳定且无明显抖动等。

项目 4

移动机器人控制基础实践

虽然移动机器人的自动控制技术在不断发展，也取得了很多研究成果，但是移动机器人的手动控制技术仍然是必要的。首先，目前的移动机器人自动控制领域仍存在很多难点，离机器人真正意义上的自主控制或智能控制仍然有一定距离，这意味着在某些时刻某些场景，机器人无法自主地处理任务或应对环境，因此仍然需要人工操作。其次，实际应用中的移动机器人在真正采用自动控制前必须经过大量的调试和验证，这些操作也需要手动控制支撑，否则容易对机器人造成损伤。因此，手动控制仍然是掌握移动机器人技术的必要手段和有效方式。本项目主要对移动机器人手动控制以模块化的形式进行分析，包括手动控制开发环境、辅助调试接口或设备、遥控器、各执行机构的控制以及整机控制。

任务 4.1　STM32 集成开发环境的安装与应用

▶ 任务目标

1）熟悉 STM32CubeMX 开发环境的使用。
2）熟悉 Keil MDK5 开发环境的使用。
3）能完成新工程的联合创建、编译与调试。
4）通过软件的检索及下载，培养信息检索能力。

▶ 知识储备

机器人开发是一项综合性工程，包括机械结构的设计与开发和电气控制系统的设计与开发等，其中电气控制系统的设计与开发又包括硬件开发和软件开发。所谓的机器人软件开发平台，一般是指用来给多种机器人设备开发程序的软件包，其采用预定义的函数和工具，并将它们编译成能够容易被专业经验较少的人使用的模块。从这个角度来说，机器人软件开发平台旨在为不专门从事机器人编程的人提供创建程序所需的工具，并让机器人执行所需的功能和例程。因此机器人软件开发平台一般包括下列内容：①统一的编程环境；②统一的编译执行环境；③可重用的组件库；④完备的调试/仿真环境；⑤对多种机器人硬件设备的"驱动支持"；⑥通用的常用功能控制组件，例如计算机视觉技术、导航技术和机械手臂控制技术等。

目前，机器人软件开发平台种类繁多、形式多样，如 ROS、Gazebo、V-REP、Webots、Microsoft Robotics Studio、iRobot AWARE 等，但仍没有统一的平台标准，对机器人不同硬件设备的支持程度也不尽相同。考虑到本书配套用的机器人控制核心为 STM32F407 主控芯片，相关的工程建立和编程均基于该芯片进行，因此本书着重介绍 STM32 单片机开发的两个相关环境：Keil MDK5 和 STM32CubeMX。

1. Keil MDK5

Keil MDK（简称 MDK），也称 MDK-ARM、RealView MDK、I-MDK、uVision4 等，是一款由 KEIL 公司设计的软件开发工具，该工具为基于 Cortex-M、Cortex-R4、ARM7、ARM9 处理器的设备提供了一个完整的开发环境，其灵活的窗口管理系统为用户提供整洁、高效的开发环境，在全球，MDK 被超过 10 万的嵌入式开发工程师使用，目前最新版本为 MDK5.37 版本。

KEIL 公司是一家业界领先的微控制器（MCU）软件开发工具的独立供应商，2005 年被 ARM 公司收购。2011 年 3 月，ARM 公司发布的集成开发环境 RealView MDK 开发工具中集成了 Keil uVision4。KEIL 公司有 4 款嵌入式软件开发工具，即 MDK-ARM、C51、C166、C251，均基于 uVision 集成开发环境。

MDK5 实现了器件（Software Pack）与编译器（MDK core）的分离。安装完 MDK5 后，需下载与处理器型号相对应的器件安装包。为便于旧版本工程的编译与下载，KEIL 公司提供了一款 mdkcmxxx.exe 安装程序，使得 MDK5 可兼容 MDK4 和 MDK3 等旧版本工程（头文件需自行添加）。

MDK5 对运行环境要求较低，所需软硬件基本配置为：Windows 32 位 /64 位（Windows XP/Windows 7/Windows 8/Windows 10）系统、2GB 及以上内存、4GB 及以上硬盘、1280×800px 分辨率及以上显示器。

本书采用 MDK5.34 版本开发工具，该版本使用 uVision5 IDE 集成开发环境，是当前针对 ARM 处理器尤其是 Cortex-M 内核处理器的常用开发工具。

2. STM32CubeMX

STM32 一般有 3 种开发方式：直接配置寄存器、标准库开发和 HAL 库开发。其中 HAL 全称 Hardware Abstract Layer，即硬件抽象层，该层为位于操作系统内核与硬件电路之间的接口层，其目的在于将硬件抽象化。HAL 库是由 ST 公司基于硬件抽象层设计的软件函数包，由程序、数据结构、宏等组成，包含了微控制器所有外设的性能特征，能够很好解决不同 STM 芯片之间的移植问题。

STM32CubeMX 是意法半导体公司提供的一款 STM32 芯片图形化配置工具，便于用户通过图形化界面完成 STM32 芯片的底层配置，可直观地选择和配置 STM32 微控制器和微处理器、自动处理引脚冲突、动态设置时钟树、动态配置带参数约束动态验证的外设和中间件功能模式，为 Arm Cortex-M 内核或面向 Arm Cortex-A 内核的特定 Linux 设备树生成相应的初始化 C 语言程序。

STM32CubeMX 和 HAL 库的使用，便于开发者将研究重点放在逻辑层和应用层的控制实现中，节省开发时间和成本，提高开发效率。

▶ 工程实践

一、下载安装 STM32CubeMX

1）进入 STM32CubeMX 官网的下载页面，在"获取软件"部分根据个人计算机配置选取对应的软件下载，其中产品型号名称中，若最后 3 个字母为 Lin，则代表在 Linux 系统下使用；若为 Mac，则代表在 Mac 系统下使用；若为 Win，则代表在 Windows 系统下使用。版本可以选择"Get latest"，以下载最新版本的 CubeMX 使用，或在"All versions"中按需选取过往版本。软件获取界面如图 4-1 所示。

产品型号	▲	一般描述	供应商	下载	All versions
+	STM32CubeMX-Lin	STM32Cube init code generator for Linux	ST	Get latest	选择版本 ∨
+	STM32CubeMX-Mac	STM32Cube init code generator for macOS	ST	Get latest	选择版本 ∨
+	STM32CubeMX-Win	STM32Cube init code generator for Windows	ST	Get latest	选择版本 ∨

图 4-1　软件获取界面

2）本书以 CubeMX 6.3.0 为例，故在 All versions 中选择 6.3.0 单击"下载"按钮，出现软件使用的许可协议，单击"接受"按钮后，会弹出"获取软件"对话框，可以登录 / 注册后下载，也可以输入姓名和电子邮件地址后直接下载，后期再登录，如图 4-2 所示。当填写完姓名和电子邮件地址，并单击"下载"按钮后，会将下载地址以邮件的形式发送至刚填写的邮箱，进入邮箱找到对应的邮件，单击"Download now"按钮即可下载。

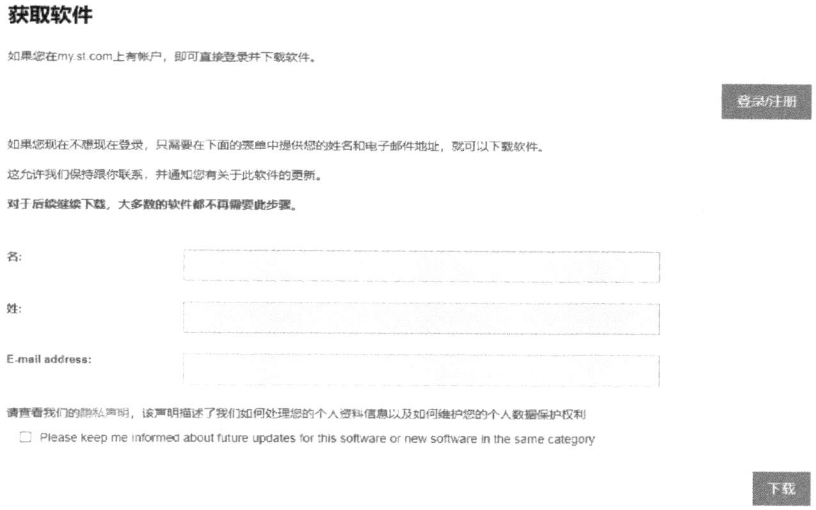

获取软件

如果您在my.st.com上有账户，即可直接登录并下载软件。

登录/注册

如果您现在不愿现在登录，只需要在下面的表单中提供您的姓名和电子邮件地址，就可以下载软件。

这允许我们保持跟您们联系，并通知您有关于此软件的更新。

对于后续继续下载，大多数的软件都不再需要此步骤。

名：

姓：

E-mail address：

请查看我们的隐私声明，该声明描述了我们如何处理您的个人资料信息以及如何维护您的个人数据保护权利

☐ Please keep me informed about future updates for this software or new software in the same category

下载

图 4-2　登录 / 注册界面

3）下载完成后，打开"en.stm32cubemx-win_v6-3-0"压缩文件并解压缩，运行 SetupSTM32CubeMX-6.3.0-Win.exe 可执行文件，在"STM32CubeMX Installation Wizard"窗口中单击"Next"按钮，选中"I accept the terms of this license agreement"后，单击"Next"按钮，选中"I have read and understood the ST Privacy Policy and ST

Terms of Use"后（如果同意 ST 公司收集并使用用户习惯做软件改进，可将第二个选项也选取），单击"Next"按钮，设置安装路径后单击"Next"按钮（如果没有对应文件夹，会提示创建），在快捷键部分可按默认直接 Next，等待安装完成。安装步骤如图 4-3 所示。

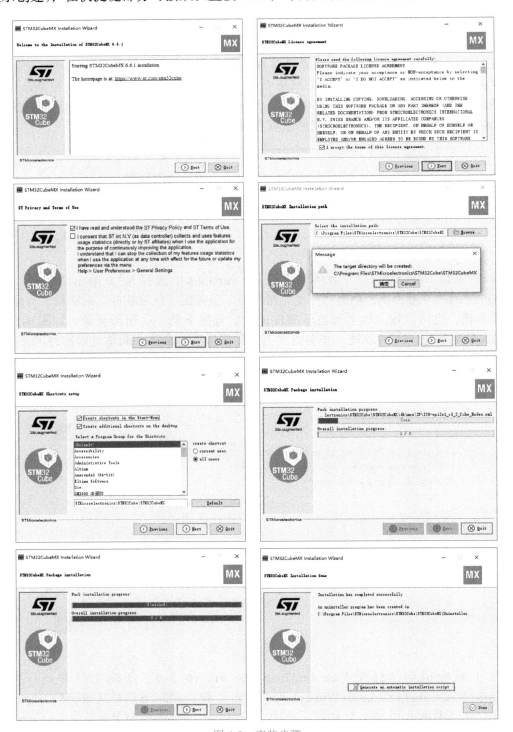

图 4-3　安装步骤

二、下载安装 Keil MDK5

1）进入 Keil 公司官网，单击"Downloads"按钮，再单击"MDK-Arm"选项，填完信息后，单击"Submit"按钮，最后单击"MDK536.exe"按钮进行下载（本书为 MDK536），步骤如图 4-4 所示。

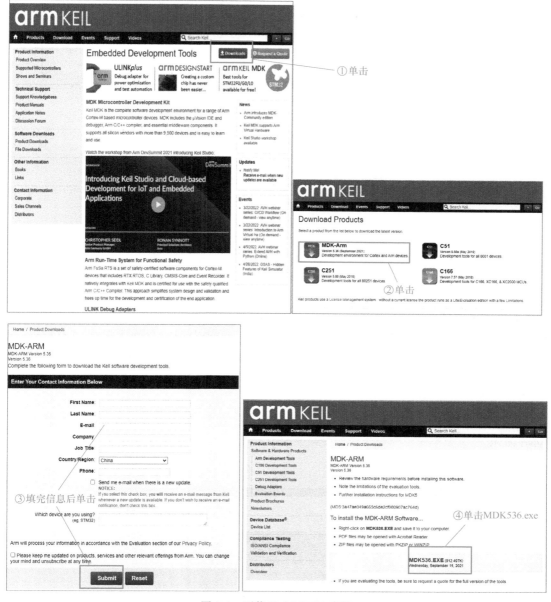

图 4-4　下载 Keil MDK5 步骤

2）下载完成后，单击"MDK534.exe"安装，如图 4-5 所示，在弹出的"Setup MDK-ARM V5.34"安装向导对话框中单击"Next"按钮，选中"I agree to all the terms of the preceding License Agreement"后单击"Next"按钮，确定安装路径（该路径可以自定义，但必须确保安装路径中不出现中文）后单击"Next"按钮安装，完成后单击

"Finish" 按钮即可。

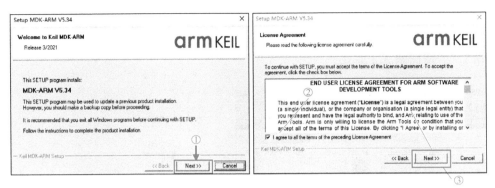

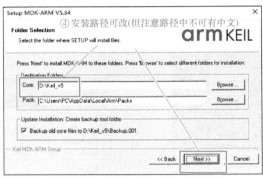

图 4-5　安装 Keil 软件

3）在 Keil MDK 环境安装完成后，进入设备包网页，选中"STMicroelectronics–STM32F4 Series–STM32F407ZE–STM32F407ZETx"，在出现的页面中单击"Download"按钮，同意协议后，下载"Keil.STM32F4xx_DFP.2.XX.X"运行并安装。

三、使用 STM32CubeMX 和 MDK5 建立新工程

1）打开 STM32CubeMX 软件，在"File"菜单中选择"New Project"命令，如图 4-6 所示。

图 4-6　创建 New Project

2）在弹出的"New Project"对话框中选择合适的芯片，可采用搜索功能，本例以 STM32F407ZE 为搜索对象，在对话框右下部分选中 STM32F407ZETx 芯片后，单击右上角的"Start Project"按钮，如图 4-7 所示。

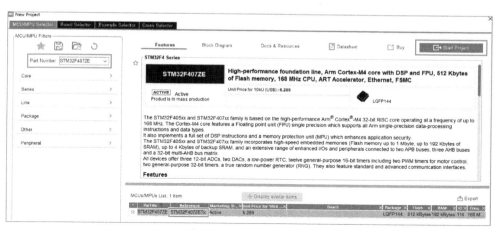

图 4-7　"New Project"对话框

3）在弹出新界面的左半部分找到"System Core"，展开下拉列表勾选"RCC"选项，将"RCC Mode and Configuration"中的"High Speed Clock（HSE）"配置为"Crystal/Ceramic Resonator"，如图 4-8 所示。

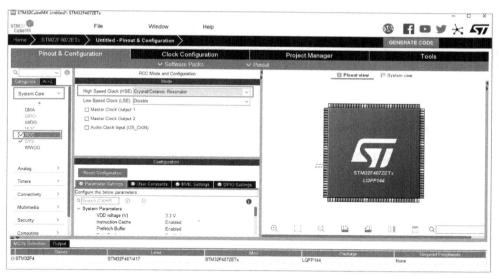

图 4-8　RCC 配置

4）选中"SYS"，在"SYS Mode and Configuration"中的"Debug"下拉列表框中选择"Serial Wire"选项，如图 4-9 所示，该调试方法为 SWD 调试法，如需要 JTAG 调试可对应选取。

5）选择"GPIO"标签，在"Pinout view"中选择"PB13"（LED1 引脚），将其设置为 GPIO_Output。配置完成后可在"GPIO Mode and Configuration"中看到所有的 GPIO 配置，选中"PB13"引脚，可根据具体属性进一步配置，明确推挽输出、开漏输出等输出模式。此处，可通过"User Label"自定义接口名，如图 4-10 所示。

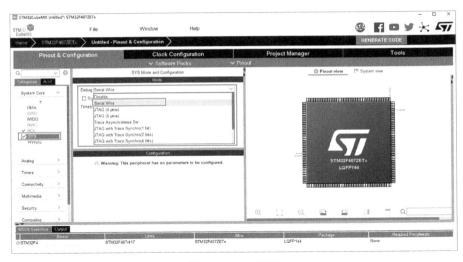

图 4-9 SYS 配置

图 4-10 GPIO 配置

6）单击顶部 " Clock Configuration " 标签进行主频配置。将 Input Frequency 配置为 12，选中 " HSE "，配置 " /M " 为 /6，配置 " *N " 为 X168，配置 " /P " 为 /2，选中 " PLLCLK "，配置 " APB1 Prescaler " 为 /4，配置 " APB2 Prescaler " 为 /2，如图 4-11 所示。

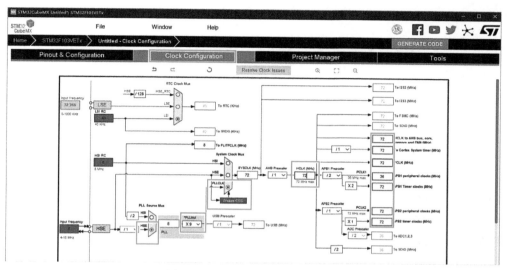

图 4-11　Clock Configuration 配置

7）单击顶部 " Project Manager " 标签，在 " Project " 选项卡的 " ToolChain/IDE " 列表框中选择 " MDK–ARM "，在 " Min Version " 列表框中选择 V5.32（如使用低于 5.32 版本的 KEIL MDK 环境，请相应选择更低版本）。在 Project Name 中设置工程名，此处以 " test " 为例，在 " Project Location " 中选择存放目录，此处以桌面的 " test " 文件夹为例，如图 4-12 所示。

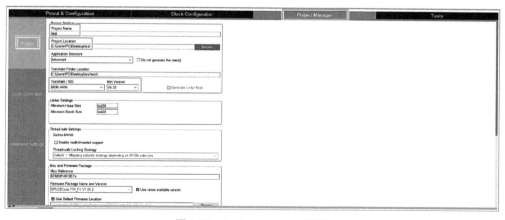

图 4-12　Project Manager 配置

8）单击左侧的 " Code Generator " 选项卡，将 " STM32Cube MCU packages and embedded software packs " 选择为 " Copy only the necessary library files "（仅选择必要的库文件），以节约存储空间与编译时间；选中 " Generated files " 中的第一项 " Generate peripheral initialization as a pair of ' .c/.h ' files per peripheral "，为各个源文件配备相应

配套的头文件，形成良好的编程习惯，如图 4-13 所示。

图 4-13　Code Generator 配置

9）全部配置完成后，单击软件界面右上角的
GENERATE CODE，自动生成工程及相应的 C 语言程
序，直至出现如图 4-14 所示的对话框，代表整个工程
已成功创建，可单击 Open Project 自动打开 Keil MDK
环境以继续后续的软件编程设计。

图 4-14　工程成功创建标识对话框

▶ **任务拓展**

1）完成 STM32CubeMX 的下载与安装。
2）完成 Keil MDK5 的下载与安装。
3）使用 STM32CubeMX 和 Keil MDK5 新建一个工程，控制 LED0、LED1、LED2
的亮灭以及蜂鸣器的响灭。

任务 4.2　串口通信

▶ **任务目标**

1）理解串口基本概念。
2）掌握串口通信方法。
3）能实现串口通信。
4）通过程序调试过程，培养学生分析问题、解决问题的能力。

▶ **知识储备**

串口，即串行接口，是一种可以将接收到的来自 CPU 的并行数据字符转换为连续的
串行数据流发送出去，同时可将接收的串行数据流转换为并行的数据字符供给 CPU 的器

件。串口是微控制器的重要外部接口，也是软件开发中重要的调试手段，目前基本所有的微控制器均设有串口。

利用串口按位（bit）发送和接收字节的通信方式称为串口通信。串口通信是常用的通信协议之一，尽管比字节（byte）的并行通信慢，但可实现使用一根线发送数据的同时用另一根线接收数据，具有结构简单、成本低以及通信距离远的特点。

根据通信中是否带时钟同步信号，可将串口通信分为同步通信和异步通信两种方式。同步通信为带时钟同步信号方式，异步通信为不带时钟同步信号方式。STM32F407ZET6主控芯片共设有 6 个串口，其中，串口 1、2、3、6 为通用同步 / 异步收发传输器（Universal Synchronous/Asynchronous Receiver/Transmitter，即 USART），串口 4 和 5 为通用异步收发传输器（Universal Asynchronous Receiver/Transmitter，即 UART）。在实际应用中异步通信功能使用较多，其主要依靠启动位和停止位来同步数据。

如图 4-15 所示，串口通信协议一般由启动位、数据位、奇偶校验位、停止位、空闲位或起始位以及比特率组成。

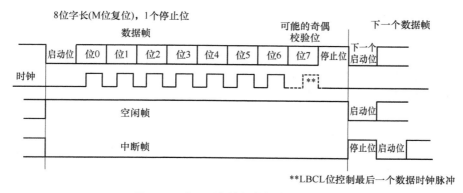

图 4-15 串口通信协议数据构成示意图

（1）起始位 当未有数据发送时，数据线处于逻辑"1"状态；当有字符开始传输时，先发出一个逻辑"0"信号。

（2）数据位 紧接着启动位之后，数据位通常有 5、6、7、8 位，构成一个字符，多采用 ASCII 码。从最低位开始传送，靠时钟定位。

（3）奇偶校验位 因通信过程中易受到外部干扰而导致数据出现偏差，在有效数据之后增加校验位来校验数据传送的正确性。奇校验要求有效数据和校验位中"1"的个数为奇数。偶校验要求有效数据和校验位中"1"的个数为偶数。

（4）停止位 停止位是一帧数据结束的标志，可以是 1 位、1.5 位、2 位的高电平。由于数据是在传输线上定时的，并且每一个设备有其自己的时钟，在通信中可能出现不同步。停止位不仅表示传输的结束，而且可提供校正时钟同步的机会。停止位的位数越多，不同时钟同步的容忍程度越大，数据传输率越慢。

（5）空闲位 空闲位不算是串口报文内的数据，发送完一组报文后，总线会自动将电平拉高。处于逻辑"1"状态，表示当前线路上没有资料传送，进入空闲状态。处于逻辑"0"状态，表示开始传送下一数据段。

（6）比特率 比特率表示每秒钟传输的码元符号的个数，是衡量数据传送速率的指标，用单位时间内载波调制状态改变次数表示。常用的比特率有 9600bit/s、57600bit/s、

115200bit/s 等。STM32F407ZET6 中的比特率生成是由寄存器 USART_BRR 控制的，通过向该寄存器写入参数，修改串口时钟的分频值 USARTDIV。USART_BRR 寄存器含有 DIV_Mantissa（USARTDIV 的整数部分）和 DIV_Fraction（USARTDIV 的小数部分）两部分，其计算公式可表示为

$$USARTDIV=DIV\_Mantissa+（DIV\_Fraction/16）$$

对 USARTDIV 整数值和小数值进行编程时，接收器和发送器（Rx 和 Tx）的比特率均设置为相同值。

适用于标准 USART（包括 SPI 模式）的比特率计算公式可表示为

$$Tx/Rx\ 比特率 = \frac{f_{CLK}}{8\times(2-OVER8)\times USARTDIV}$$

当 OVER8=0 时，小数部分编码为 4 位，并通过 USART_BRR 寄存器中的 DIV_Fraction[3:0] 位编程。当 OVER8=1 时，小数部分编码为 3 位，并通过 USART_BRR 寄存器中的 DIV_Fraction[2:0] 位编程，此时 DIV_Fraction[3] 位必须保持清零状态。

一般来说，在实际应用中常根据已知的比特率去配置 USART_BRR。

例如：比特率为 115200bit/s，f_{CLK} 为 72MHz，OVER8 根据比特率计算公式可得出 USARTDIV=72000000/115200/8/2=39.0625，由此可得 DIV_Mantissa=39=0x27，DIV_Fraction=16×0.0625=1=0x01，故而 USART_BRR 中应写入 0x0271。

STM32F407ZET6 具有端口映射功能，其串口的 TXD 和 RXD 端口非固定，可自主选择，需按照规定的对应端口完成映射。STM32F407ZET6 串口引脚号见表 4-1。例如，串口 1 的 TXD 和 RXD 可分别选择使用 PA9 和 PA10 引脚，也可选择重映射为 PB6 和 PB7。除串口 5 只有一个端口可选择外，其余串口均有至少 2 个可映射端口。

表 4-1 STM32F407ZET6 串口引脚号

串口号	TXD	RXD
1	PA9（PB6）	PA10（PB7）
2	PA2（PD5）	PA3（PD6）
3	PB10（PC10/PD8）	PB11（PC11/PD9）
4	PC10（PA0）	PC11（PA1）
5	PC12	PD2
6	PC6（PG14）	PC7（PG9）

▶ 工程实践

1. 实践任务

主控板通过串口向外部设备（此处为 PC）发送数据，利用串口调试助手观察接收到的信息是否正确。

2. 实践步骤

（1）硬件接线 将主控板上的 P51 模块的 USART1_TXD 和 USART1_RXD 分别接至

USB 转 TTL 模块上的 RXD 和 TXD 引脚，随后将 USB 转 TTL 模块插入 PC 的 USB 口。

（2）软件调试　打开配套工程文件，单击编译、下载，同时打开串口调试助手，观察串口调试助手是否正确接收主控板发送的信息。

3. 关键程序分析

（1）USART1 通信协议初始化函数 MX_USART1_UART_Init()　通过 CubeMX 自动生成的函数 MX_USART1_UART_Init() 进行 USART1 通信协议初始化，按照比特率为 115200bit/s、数据字长 8 位、停止位 1 位、无奇偶校验位、发送接收模式均开启、无硬件流控制、16 倍过采样的模式完成串口 1 配置，程序如下。

```
/* USART1 init function */
void MX_USART1_UART_Init(void)
{
  /* USER CODE BEGIN USART1_Init 0 */

  /* USER CODE END USART1_Init 0 */

  /* USER CODE BEGIN USART1_Init 1 */

  /* USER CODE END USART1_Init 1 */
  huart1.Instance = USART1;
  huart1.Init.BaudRate = 115200;
  huart1.Init.WordLength = UART_WORDLENGTH_8B;
  huart1.Init.StopBits = UART_STOPBITS_1;
  huart1.Init.Parity = UART_PARITY_NONE;
  huart1.Init.Mode = UART_MODE_TX_RX;
  huart1.Init.HwFlowCtl = UART_HWCONTROL_NONE;
  huart1.Init.OverSampling = UART_OVERSAMPLING_16;
  if (HAL_UART_Init(&huart1) != HAL_OK)
  {
    Error_Handler();
  }
  /* USER CODE BEGIN USART1_Init 2 */

  /* USER CODE END USART1_Init 2 */

}
```

（2）USART1 实体初始化函数 HAL_UART_MspInit()　MX_USART1_UART_Init() 函数初始化与 MCU 配置无关。有了抽象的串口后，仍需具体的实体 MCU 承载，本书以主控板的 PA9 作为发送端口，PA10 作为接收端口，运用 CubeMX 自动生成的函数 HAL_UART_MspInit()（被包含在 HAL_UART_Init() 函数中）进行 USART1 实体（即 PA9 与 PA10）的初始化，程序如下。

```
void HAL_UART_MspInit(UART_HandleTypeDef* uartHandle)
{

  GPIO_InitTypeDef GPIO_InitStruct = {0};
```

```
if(uartHandle->Instance==USART1)
{
/* USER CODE BEGIN USART1_MspInit 0 */

/* USER CODE END USART1_MspInit 0 */
  /* USART1 clock enable */
  __HAL_RCC_USART1_CLK_ENABLE();

  __HAL_RCC_GPIOA_CLK_ENABLE();
  /**USART1 GPIO Configuration
  PA9       ------> USART1_TX
  PA10      ------> USART1_RX
  */
  GPIO_InitStruct.Pin = GPIO_PIN_9|GPIO_PIN_10;
  GPIO_InitStruct.Mode = GPIO_MODE_AF_PP;
  GPIO_InitStruct.Pull = GPIO_NOPULL;
  GPIO_InitStruct.Speed = GPIO_SPEED_FREQ_VERY_HIGH;
  GPIO_InitStruct.Alternate = GPIO_AF7_USART1;
  HAL_GPIO_Init(GPIOA, &GPIO_InitStruct);

  /* USART1 interrupt Init */
  HAL_NVIC_SetPriority(USART1_IRQn, 0, 0);
  HAL_NVIC_EnableIRQ(USART1_IRQn);
/* USER CODE BEGIN USART1_MspInit 1 */

/* USER CODE END USART1_MspInit 1 */
  }
}
```

（3）串口发送主函数 main () 完成以上初始化后，在主函数 main() 实现每隔 1s 向外部发送一个 0x55、0x00、0x55、0x00 数组，程序如下。

```
int main(void)
{
  /* USER CODE BEGIN 1 */
    uint8_t buff[20]={0x55,0x00,0x55,0x00};
  /* USER CODE END 1 */

  /* MCU Configuration--------------------------------------------------------*/

  /* Reset of all peripherals, Initializes the Flash interface and the Systick. */
  HAL_Init();

  /* USER CODE BEGIN Init */

  /* USER CODE END Init */

  /* Configure the system clock */
  SystemClock_Config();
```

```
/* USER CODE BEGIN SysInit */

/* USER CODE END SysInit */

/* Initialize all configured peripherals */
MX_GPIO_Init();
MX_USART1_UART_Init();
HAL_UART_Receive_IT(&huart1, (uint8_t *)aRxBuffer, RXBUFFERSIZE);
/* USER CODE BEGIN 2 */

/* USER CODE END 2 */

/* Infinite loop */
/* USER CODE BEGIN WHILE */
while (1)
{
  /* USER CODE END WHILE */
  HAL_UART_Transmit(&huart1,buff,sizeof(buff),0xffff);
  HAL_Delay(1000);
  /* USER CODE BEGIN 3 */
}
/* USER CODE END 3 */
}
```

▶ 任务拓展

利用主控板向 PC 发送数据和从 PC 接收数据。

任务 4.3　遥控器的应用

▶ 任务目标

1）了解 PS2 遥控器的基本原理。
2）掌握 PS2 遥控器的使用方法。
3）能利用 STM32 接收遥控器上的数据并通过 LCD 显示出来。
4）通过小组合作调试，培养团队合作精神。

▶ 知识储备

PS2 手柄是索尼公司 PlayStation2 游戏机的遥控手柄，由手柄与接收器两部分组成，如图 4-16 所示，手柄负责发送按键信息，接收器与单片机相连，用于接收手柄发来的信息，并传递给单片机，单片机也可通过接收器，向手柄发送命令，配置手柄的发送模式。该手柄性价比高，按键丰富，方便扩展到其他应用中。

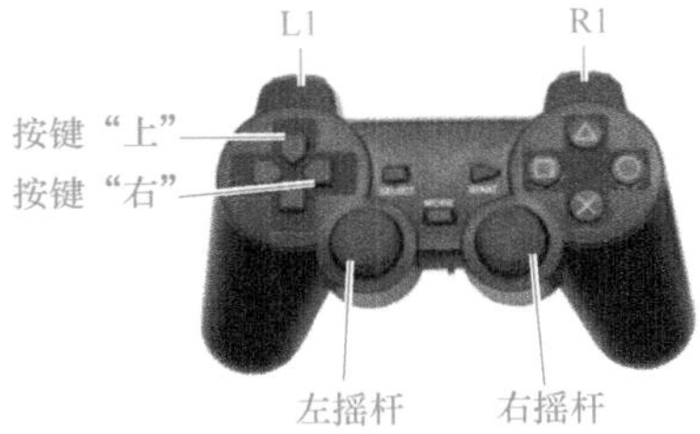

图 4-16 中相关标注：

L1　R1

按键"上"
按键"右"

左摇杆　右摇杆

a) 手柄

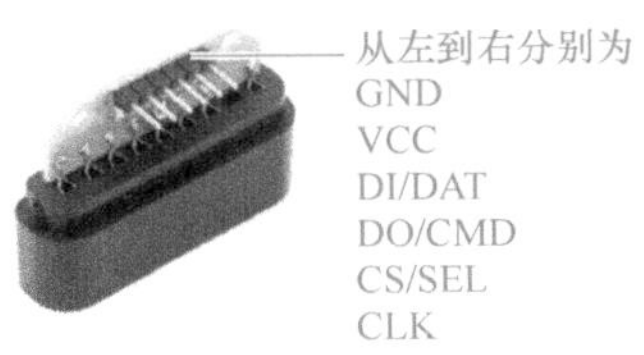

从左到右分别为
GND
VCC
DI/DAT
DO/CMD
CS/SEL
CLK

b) 接收器

图 4-16　PS2 遥控手柄

PS2 手柄接收器共有 9 个引脚（实际常用 6 个引脚），分别定义如下。

1）DI/DAT：信号流向从手柄到主机，此信号是一个 8 位的串行数据，同步传送于时钟的下降沿。信号的读取在时钟由高到低的变化过程中完成。

2）DO/CMD：信号流向从主机到手柄，此信号和 DI 相对，信号是一个 8 位的串行数据，同步传送于时钟的下降沿。

3）NC：空端口。

4）GND：电源地。

5）VCC：接收器工作电源，电源范围 3 ～ 5V。

6）CS/SEL：用于提供手柄触发信号。在通信期间，处于低电平。

7）CLK：时钟信号，由主机发出，用于保持数据同步。

8）NC：空端口。

9）ACK：从手柄到主机的应答信号。此信号在每个 8 位数据发送的最后一个周期变低并且 CS 一直保持低电平，如果 CS 信号不变低，约 60μs PS 主机会试另一个外设。在编程时未使用 ACK 端口。

PS2 通信时序为四线通信时序，如图 4-17 所示。DI 与 DO 是一对同时传输的 8 位串行数据，传输时需 CS 为低电平，CLK 由高变低。CS 在数据输出或输入时，均为低电平，所以在数据传输时先把 CS 拉高再拉低，然后进行数据传输，传输完成后再把 CS 拉高。在时钟上升沿阶段，DI 和 DO 的数据有交叉，即数据正在进行交换，此时因数据还不稳定，不能读或写数据，否则易造成读写数据不准确。在时钟下降沿阶段，数据处于稳定状态，可进行数据读写。读写时共有 8 位数据，从低位到高位进行读写，因此可把数据放到数组中，一个时钟进行一个数据位的传输。

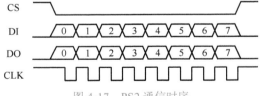

图 4-17　PS2 通信时序

STM32 与 PS2 手柄通信时，将会拉低 CS 片选信号线，然后在每个 CLK 的下降沿读 1bit，每读 8bit（即 1B），CLK 拉高一小段时间，一共读 9 组，含义见表 4-2。

表 4-2　PS2 通信字节含义

顺序	D0	D1	bit0 ～ bit7
0	0x01	idle	/
1	0x42	ID	/
2	idle	0x5A	/

（续）

顺序	D0	D1	bit0 ～ bit7
3	WW	data	SELECT、L3、R3、START、UP、RIGHT、DOWN、LEFT
4	YY	data	L2、R2、L1、R1、△、○、×、□
5	idle	data	PSS_RX（0x00=left、0xFF=right）
6	idle	data	PSS_RY（0x00=up、0xFF=down）
7	idle	data	PSS_LX（0x00=left、0xFF=right）
8	idle	data	PSS_LY（0x00=up、0xFF=down）

第 1 个字节是 STM32 发给 PS2 的开始命令"0x01"。

第 2 个字节是 STM32 发给 PS2 的请求数据命令"0x42"。同时，PS2 手柄会回复它的 ID（0x41= 绿灯模式，0x73= 红灯模式）。

第 3 个字节是 PS2 给 STM32 发送"0x5A"，告诉 STM32 数据来了。

从第 4 个字节开始到第 9 个字节，均是接收器给主机 STM32 发送数据，每个字节定义见表 4-2。当有按键按下时，对应位为"0"。例如，当按键"SELECT"被按下时，Data[3]=11111110。

▶ 工程实践

一、实践任务

将遥控器上的数据接收到 STM32 主控板并通过 LCD 显示出来。

二、实践步骤

1. 硬件接线

将 PS2 遥控器的 GND、VCC、DI/DAT、DO/CMD、CS/SEL、CLK 引脚分别与主控板上的 GND、3V3、PD11、PB3、PB4、PB5（PS2 模块）相连。

2. 软件调试

打开配套工程文件，单击编译、下载，观察 LCD 是否正确地显示遥控器的按键信息。

三、关键程序分析

1. 初始定义 3 个数组

Comd[2] 存储开始指令和请求数据指令两条指令码，Data[9] 为数据存储数组，MASK[16] 为按键名字数组，利用宏定义对这些按键赋予 1 ～ 16 的按键值，程序如下。

```
uint8_t Comd[2]={
    0x01,0x42};                                    // 开始指令，请求数据指令
uint8_t Data[9]={
    0x00,0x00,0x00,0x00,0x00,0x00,0x00,0x00,0x00};  // 数据存储数组
uint16_t MASK[]={
    PSB_SELECT,
```

```
            PSB_L3,
            PSB_R3 ,
            PSB_START,
            PSB_PAD_UP,
            PSB_PAD_RIGHT,
            PSB_PAD_DOWN,
            PSB_PAD_LEFT,
            PSB_L2,
            PSB_R2,
            PSB_L1,
            PSB_R1 ,
            PSB_GREEN,
            PSB_RED,
            PSB_BLUE,
            PSB_PINK
            };                                  // 按键值与按键名
```

2. 发送命令函数 PS2_Cmd()

发送命令函数 PS2_Cmd() 用于将参数以 8 位二进制按位发送给手柄，同时从手柄接收信号以 8 位二进制按位返回给单片机并存储到 Data[1]，程序如下。

```
void PS2_Cmd(uint8_t CMD)
{
        volatile uint16_t ref=0x01;
        Data[1] = 0;
        for(ref=0x01;ref<0x0100;ref<<=1)
        {
            if(ref&CMD)
            {
                DO_H;                           // 输出一位控制位
            }
            else DO_L;
            CLK_H;                              // 时钟拉高
            DELAY_TIME;
            CLK_L;
            DELAY_TIME;
            CLK_H;
            if(DI)
                Data[1] = ref|Data[1];
        }
        delay_us(16);
}
```

3. 读取手柄数据函数 PS2_ReadData()

读取手柄数据函数 PS2_ReadData() 用于发送开始指令和请求数据指令，然后接收到返回的数据，存入 Data[2]，紧接着接收到按键及摇杆当前的状态数据，并存储到 Data[2] ～ Data[8] 这 7 个元素位置，程序如下。

```
void PS2_ReadData(void)
{
    volatile uint8_t byte=0;
    volatile uint16_t ref=0x01;
    CS_L;
    PS2_Cmd(Comd[0]);              // 开始指令
    PS2_Cmd(Comd[1]);              // 请求数据指令
    for(byte=2;byte<9;byte++)      // 开始接收数据
    {
        for(ref=0x01;ref<0x100;ref<<=1)
        {
            CLK_H;
            DELAY_TIME;
            CLK_L;
            DELAY_TIME;
            CLK_H;
              if(DI)
              Data[byte] = ref|Data[byte];
        }
        delay_us(16);
    }
    CS_H;
}
```

4. 判断模式函数 PS2_RedLight()

判断模式函数 PS2_RedLight() 用于判断遥控器当前是红灯模式还是绿灯模式，程序如下。

```
// 判断是否为红灯模式 ,0x41= 模拟绿灯 ,0x73= 模拟红灯
// 返回值 :0, 红灯模式 ; 其他 , 其他模式
uint8_t PS2_RedLight(void)
{

    CS_L;
    PS2_Cmd(Comd[0]);     // 开始指令
    PS2_Cmd(Comd[1]);     // 请求数据指令
    CS_H;
    if( Data[1] == 0X73)     return 0 ;
    else return 1;

}
```

5. 按键判断函数 PS2_DataKey()

按键判断函数 PS2_DataKey() 用于判断遥控器当前哪个按键被按下，注意这个函数只能检测一个按键被按下，若同时按多个按键，则只能检测到键值最小的按键，程序如下。

```
// 对读出来的 PS2 的数据进行处理 , 只处理按键部分 , 默认数据是红灯模式
// 只有一个按键按下时 , 按下为 0, 未按下为 1
uint8_t PS2_DataKey()
{
```

```
        uint8_t index;
        PS2_ClearData();
        PS2_ReadData();
        Handkey=(Data[4]<<8)|Data[3];          // 这是 16 个按键 按下为 0, 未按下为 1
        for(index=0;index<16;index++)
        {
            if((Handkey&(1<<(MASK[index]-1)))==0)
            return index+1;
        }
        return 0;                              // 没有任何按键按下
    }
```

6. 摇杆状态函数 PS2_AnologData()

摇杆状态函数 PS2_AnologData() 用于读取左 / 右摇杆的 X/Y 轴向值，程序如下。

```
// 得到一个摇杆的模拟量范围 0 ～ 256
uint8_t PS2_AnologData(uint8_t button)
{
        return Data[button];
}
```

7. 主程序关键字段

主程序的 while(1) 循环中，不断读取一次遥控器的按键值和摇杆值，然后通过 LCD 显示出来，程序如下。

```
while (1)
    {
    /* USER CODE END WHILE */

    /* USER CODE BEGIN 3 */
        LCD_Clear(WHITE);
        PS2_LX=PS2_AnologData(PSS_LX);
        PS2_LY=PS2_AnologData(PSS_LY);
        PS2_RX=PS2_AnologData(PSS_RX);
        PS2_RY=PS2_AnologData(PSS_RY);
        PS2_KEY=PS2_DataKey();
        POINT_COLOR=RED;
        LCD_ShowString(30,40,210,24,24,"PS2 Data");
        LCD_ShowNum(30,70,PS2_LX,4,16);
        LCD_ShowNum(30,90,PS2_LY,4,16);
        LCD_ShowNum(30,110,PS2_RX,4,16);
        LCD_ShowNum(30,130,PS2_RY,4,16);
        LCD_ShowNum(30,150,PS2_KEY,4,16);
        delay_ms(500);
    }
```

▶ 任务拓展

1）完成 PS2 遥控手柄与主控板的硬件连接。

2）测试 PS2 遥控手柄各个按键的键值。

3）利用 PS2 遥控手柄控制主控板上的 LED 和蜂鸣器。

任务 4.4　舵机的控制

▶ 任务目标

1）了解舵机的基本原理和分类。

2）掌握 PWM 控制技术和基于 PWM 的舵机控制技术。

3）能编写程序，完成舵机的控制。

4）通过对舵机角度精确度的控制，培养精益求精的工匠精神。

▶ 知识储备

一、舵机分类及基本结构

舵机的形状和大小种类繁多，大致可分为标准舵机、微型舵机、大扭力舵机。图 4-18 所示为舵机组成示意图，主要由舵盘、外壳（上壳、中壳、下壳）、齿轮组、电动机、控制电路和控制线组成。

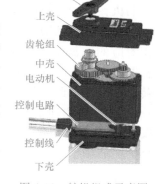

图 4-18　舵机组成示意图

舵机的工作原理可简要概括为：控制电路板接收信号源的控制信号，控制电动机转动，电动机带动一系列齿轮组，减速后传动至输出舵盘。舵机的输出轴和位置反馈电位计相连，舵盘转动时带动位置反馈电位计，电位计输出电压信号至控制电路板进行反馈，控制电路板检测信号并根据电位器判断舵机转动角度，控制舵机转动到目标角度或保持在目标角度。

舵机常选用塑料材质外壳，也可选用金属铝合金外壳。金属铝合金外壳可提供更好散热，有利于舵机内电动机在更高功率下运行，获得更高的扭矩输出，金属铝合金外壳也可提供可靠的固定位置。齿轮组有塑料齿轮、混合齿轮、金属齿轮几种类别。塑料齿轮成本低、噪声小，但强度较低；金属齿轮强度高，但成本高，在普通装配精度下噪声大。从成本和实际使用角度考虑，小扭矩舵机、微舵、扭矩大但功率密度小的舵机一般用塑料齿轮，功率密度高的舵机一般用金属齿轮。

制作机器人常用图 4-19 所示的几种舵机。第一种 MG995 舵机，选用金属齿轮，耐用度较好且价格便宜，但扭力较小、负载能力弱，适用于普通六足机器人的关节电动机、机械臂的关节电动机及机械手爪的开合电动机等，对于双足机器人，该舵机扭矩不足以支撑腿部受力。第二种 SR403 舵机，采用全金属齿轮，扭力大，具有较高的性价比，

a) MG995舵机

b) SR403舵机

c) AX12+数字舵机

图 4-19　舵机的分类

可适用于双足机器人制作。第三种 AX12+ 数字舵机，该型号舵机扭矩大、负载能力强，且采用金属齿轮，属于机器人专用舵机；但其价格昂贵，具有一定局限性，同时，该舵机使用 RS485 串口通信，需匹配数字舵机专用控制板。

二、脉宽调制（PWM）控制

脉宽调制全称为脉冲宽度调制（Pulse Width Modulation，PWM），是一种利用微处理器来完成对模拟电路控制的技术，具有操作简单、灵活性好、反应速度快等诸多特点，被广泛用于通信、测量、功率变换、功率控制等。

脉宽调制技术的基本原理是利用对半导体开关器件的导通和关断进行控制，使输出端得到一系列幅值相等而宽度不相等的脉冲，用这些脉冲来代替正弦波或其他所需要的波形。PWM 通过改变脉冲宽度来控制输出电压，通过改变脉冲调制周期来控制输出频率。

在 PWM 控制中，占空比和分辨率是两个极为重要的参数。占空比是指在输出的 PWM 中，高电平保持时间与该 PWM 的时钟周期的时间之比。例如，一个 PWM 的频率为 1000Hz，则其时钟周期为 1ms，若高电平出现时间为 200μs，低电平时间为 800μs，则该 PWM 的占空比为 0.2。分辨率是指 PWM 最小能设定到的高电平时间所占周期的比例，也即最小占空比。理论上，8 位 PWM 的分辨率为 1∶255（即 2^8-1），16 位的 PWM 的分辨率为 1∶65535（即 $2^{16}-1$）。分辨率越高对占空比的细分程度也越高，在进行脉宽调制时则越接近“无级调速”。

舵机控制采用 PWM 控制技术，其工作流程可简要概括为：控制信号→控制电路板→电动机转动→齿轮组减速→舵盘转动→位置反馈电位计→控制电路板反馈。

舵机的控制信号为周期 20ms 的脉宽调制（PWM）信号，其脉冲宽度为 0.5～2.5ms，相对应的舵盘位置为 0°～180°，呈线性变化。舵机内部的基准电路可产生周期为 20ms、宽度为 1.5ms 的基准信号，通过比较器比较控制信号与基准信号，判断舵机的转动方向和转角大小，以此产生电动机的转动信号。由此可见，舵机是一种位置伺服驱动器，当输入一定宽度的脉冲信号给舵机时，其输出轴则会输出相应角度，且该角度不随外界转矩改变。舵机的转动范围不超过 180°，适用于需不断变化且可以保持的驱动器，如机器人的关节、无人机的舵面等。

舵机输出转角与输入脉冲的关系

舵机输出转角与输入脉冲的关系见表 4-3。

表 4-3　舵机输出转角与输入脉冲的关系

输入正脉冲宽度（周期为 20ms）	舵机角度
0.5ms	0°
1ms	45°
1.5ms	90°
2.0ms	135°
2.5ms	180°

▶ 工程实践

一、实践任务

利用 STM32 主控板控制舵机往复旋转 0°、45°、90°、135°、180°，每个角度保持 1s 时长。

二、实践步骤

1. 硬件接线

将舵机连接至主控板的 P48 模块（或者 P45、P46、P47 模块均可），具体连接为舵机的 DAT、VCC、GND 引脚分别接至主控板的 PB9、5V、GND 引脚。

2. 软件调试

打开配套工程文件，单击编译、下载，观察舵机是否按照预设规律运动。

三、关键程序分析

1. 用 MX_TIM4_Init() 函数定义控制周期

MX_TIM4_Init() 函数

在 tim.c 文件的 MX_TIM4_Init() 函数中，首先利用定时器 4 产生 20ms 的控制周期，TIM4 主频为 84MHz。因 Prescaler 值为 83，故定时器频率为 84/（83+1）MHz=1MHz，即定时 1 个数的时间为 1μs。又因为 Period 值为 19999，故共定时（19999+1）×1μs=20000μs，即 20ms，程序如下。

```
htim4.Instance = TIM4;
htim4.Init.Prescaler = 83;
htim4.Init.CounterMode = TIM_COUNTERMODE_UP;
htim4.Init.Period = 19999;
htim4.Init.ClockDivision = TIM_CLOCKDIVISION_DIV1;
htim4.Init.AutoReloadPreload = TIM_AUTORELOAD_PRELOAD_DISABLE;
```

2. 定义并调用 servo_pwm_set4() 函数设置转动角度

servo_pwm_set4() 函数定义与调用

主函数中利用 servo_pwm_set4()（实际上是 __HAL_TIM_SetCompare() 函数）对 CCR 值进行设定，将其分别设置为 500、1000、1500、2000、2500，分别对应脉冲宽度 500μs、1000μs、1500μs、2000μs、2500μs，根据表 4-3 可知，对应舵机角度分别为 0°、45°、90°、135° 和 180°，程序如下。

```
void servo_pwm_set4(uint16_t pwm)
{
    __HAL_TIM_SetCompare(&htim4, TIM_CHANNEL_4, pwm);
}
while (1)
    {
```

```
/* USER CODE END WHILE */

/* USER CODE BEGIN 3 */
    servo_pwm_set4(500);
    HAL_Delay(1000);
    servo_pwm_set4(1000);
    HAL_Delay(1000);
    servo_pwm_set4(1500);
    HAL_Delay(1000);
    servo_pwm_set4(2000);
    HAL_Delay(1000);
    servo_pwm_set4(2500);
    HAL_Delay(1000);
}
```

▶ 任务拓展

1）利用主控板上的其他 3 个 PWM 口控制舵机，实现往复旋转 0°、45°、90°、135°、180°，每个角度保持 1s 时长。

2）同时控制 4 个舵机，实现每个舵机依次递增 60° 的控制。

任务 4.5　直流电动机的控制

▶ 任务目标

1）了解直流电动机的基本原理和分类。

2）了解 CAN 总线协议。

3）掌握基于 CAN 总线的直流电动机控制。

4）能通过编程，完成直流电动机的控制。

5）通过对直流电动机的精确控制，培养精益求精的工匠精神。

▶ 知识储备

一、直流电动机工作原理

直流电动机是将直流电能转换为机械能的电动机，因其良好的调速性能在电力拖动中被广泛应用。与直流电动机不同的是，直流电动机没有原动机拖动，需要将直流电源通过电刷接通电枢绕组，使电枢绕组有电流流过。图 4-20 所示为

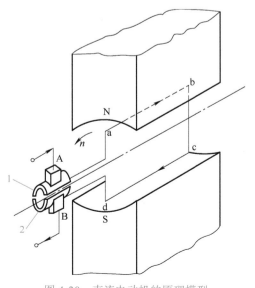

图 4-20　直流电动机的原理模型

带有换向器的直流电动机的原理模型，1、2 是两片弧形铜制换向片，换向片之间用绝缘材料隔开，线圈 abcd 的两出线端分别与两个换向片相连，电刷 A、B 与换向片接触且固定不动。

将电刷 A、B 接至直流电源，直流电源供给电流方向保持不变，则线圈 abcd 中将持续有电流流过，因电动机内磁场作用，载流导体将受到电磁力作用，其方向由左手定则判定。在图示瞬间，电流流向为 A–1–a–b–c–d–2–B，则导体 ab 和导体 cd 均可产生逆时针方向转矩，使电枢逆时针方向转动。当电枢转过 180° 时，导体 cd 位于 N 极，导体 ab 位于 S 极，此时，电流流向为 A–2–d–c–b–a–1–B，此时导体 ab 和导体 cd 产生的电磁转矩的方向仍为逆时针方向，使线圈继续沿逆时针方向旋转。因此，由于换向器的作用，直流电流交替地由导体 ab 和 cd 流入，使处于 N 极的线圈电流方向总是由电刷 A 流入，处于 S 极的线圈电流的方向总是由电刷 B 流出，从而产生方向不变的转矩，使得电动机连续转动，进而实现将电能转化为机械能。

二、CAN 通信协议

CAN 是控制器域网（Controller Area Network，CAN）的简称，是由研发和生产汽车电子产品著称的德国 BOACH 公司开发，并最终成为国际标准（ISO 11898），CAN 是国际上应用广泛的现场总线之一。

在北美和西欧，CAN 总线协议已经成为汽车计算机控制系统和嵌入式工业控制局域网的标准总线，并且拥有以 CAN 为底层协议专为大型货车和重工机械车辆设计的 J1939 协议。

如图 4-21 所示，CAN 总线由 CAN_H 和 CAN_L 两根线构成，各个设备挂载在总线上。CAN 控制器依据两根线上的电位差来判断总线电平。总线电平分为显性电平和隐性电平。发送方通过使总线电平发生变化将消息发送给接收方。

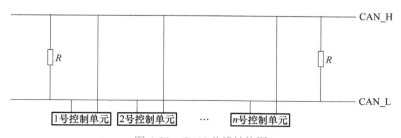

图 4-21　CAN 总线结构图

CAN 协议具有以下特点：

（1）多主控制　在总线空闲时，所有单元均可以发送消息（即多主控制），而两个以上单元同时开始发送消息时，根据标识符（以下简称 ID）决定优先级。此处 ID 并非表示目的地址，而是表示访问总线消息的优先级。通过对各消息 ID 的每个位逐个仲裁比较，仲裁获胜（被判定为优先级最高）的单元可继续发送消息，仲裁失利的单元则立刻停止发送。

（2）系统的柔软性　与总线相连的单元没有类似于"地址"的信息。因此在总线上增加单元时，连接在总线上的其他单元的软硬件及应用层均无须改变。

（3）通信速度较快，通信距离远　通信距离小于 40m 时通信速度可达 1Mbit/s；当通信速度低于 5kbit/s 时，最远距离可达 10km。

（4）具有错误检测、错误通知和错误恢复功能　所有单元均可以检测错误（错误检测功能），检测出错误的单元会立即同时通知其他所有单元（错误通知功能），正在发送消息的单元一旦检测出错误，会强制结束当前发送。强制结束发送的单元会反复重新发送此消息直至成功发送（错误恢复功能）。

（5）故障封闭功能　CAN 可判断出错误的类型是总线上暂时数据错误（如外部噪声等），还是持续数据错误（如单元内部故障、驱动器故障、断线等）。当总线上发生持续数据错误时，可将引起此故障的单元从总线上隔离（故障封闭）。

（6）连接节点多　CAN 总线可同时连接多个单元，实际可连接的单元数受总线的时间延迟及电气负载限制，降低通信速度可增加连接单元数，提高通信速度可减少连接单元数。

CAN 协议经过 ISO 标准化后有 ISO 11898 和 ISO 11519-2 两个标准。ISO 11898 是针对通信速率为 125kbit/s ～ 1Mbit/s 的高速通信标准，ISO 11519-2 是针对通信速率为 125kbit/s 以下的低速通信标准。

CAN 协议中 5 种类型帧结构是指数据帧、遥控帧、错误帧、过载帧、间隔帧。数据帧用于发送单元向接收单元传送数据的帧；遥控帧用于接收单元向具有相同 ID 的发送单元请求数据的帧；错误帧用于当检测出错时，向其他单元通知错误的帧；过载帧用于接收单元通知其尚未做好接收准备的帧；间隔帧用于将数据帧及遥控帧与前面的帧分离开来的帧。

如图 4-22 所示，一个完整的数据帧由帧起始、仲裁场、控制场、数据场、CRC 场、应答场、帧结尾组成，下文简单介绍仲裁场与数据场的内容。

总线空闲	帧起始	仲裁场	控制场	数据场	CRC场	应答场	帧结尾	帧间隔

图 4-22　CAN 数据帧构成

和 I2C 总线一样，每个挂载在 CAN 总线上的 CAN 都有一个自己独属的 ID。当某个设备发送一帧数据时，总线其他设备会检查这个 ID 是否是自己需要接收数据的对象，若是，则接收本帧数据；若不是，则忽略。

CAN 仲裁场见表 4-4，ID 存储在数据帧前端的仲裁场内，CAN 的 ID 分为标准 ID 和拓展 ID 两类，标准 ID 长度为 11 位，若设备过多且标准 ID 不够用时，可使用拓展 ID，拓展 ID 长度为 29 位。

表 4-4　CAN 仲裁场

帧起始	仲裁场												控制场
	标识符（ID）11 位											RTR	
	bit10	bit9	bit8	bit7	bit6	bit5	bit4	bit3	bit2	bitl	bit0		

CAN 数据场见表 4-5，控制场中的 DLC 用于规定可接收数据的长度，数据场中的数据大小为 8B。CAN 总线的一个数据帧所需传输的有效数据实则为该 8B 的数据。

表 4-5　CAN 数据场

控制场					数据场				CRC 场
其他	DLC（长度）				数据				
	bit 3	bit 2	bit 1	bit 0	Byte 7	…	Byte 1	Byte 0	

三、大疆 M2006 P36 电动机简介

M2006 P36 电动机采用三相永磁直流无刷结构，内置位置传感器可提供精确的位置反馈，采用 FOC 矢量控制方式使电动机产生连续扭矩，内置减速箱减速比为 36∶1，额定输入电压为 24V，额定电流为 3A，具有输出转速高、体积小、功率密度高等特点。

M2006 P36 电动机配套 C610 电动机调速器，采用 CAN 协议与主控进行通信。通过发送电动机调速器数据控制电动机的输出电流实现对电动机转速的控制，通过接收电动机调速器数据获得电动机转子机械角度、转子转速、转矩电流及电动机温度等电动机参数。

表 4-6 为主控向电动机调速器发送报文的格式。需将发送的 CAN 数据帧的 ID 设置为 0x200，并设置帧格式和 DLC，数据域中的 8B 数据按照电动机调速器 1 到 4 的高 8 位和低 8 位的顺序装填，最后进行数据发送。

表 4-6　主控向电动机调速器发送报文格式

标识符：0x200　　　　帧格式：DATA
帧类型：标准帧　　　　DLC：8B

数据域	内容	电动机调速器 ID
DATA[0]	控制电流值高 8 位	1
DATA[1]	控制电流值低 8 位	1
DATA[2]	控制电流值高 8 位	2
DATA[3]	控制电流值低 8 位	2
DATA[4]	控制电流值高 8 位	3
DATA[5]	控制电流值低 8 位	3
DATA[6]	控制电流值高 8 位	4
DATA[7]	控制电流值低 8 位	4

表 4-7 为主控接收电动机调速器报文格式。根据接收到的 ID 判断发送电动机调速器是几号，手册中规定 1 号电动机调速器 ID 为 0x201，2 号为 0x202，3 号为 0x203，4 号为 0x204。判断完数据来源后，则可按照手册中的数据格式进行解码，通过高 8 位和低 8 位拼接的方式得到电动机的有关参数。

表 4-7　主控接收电动机调速器报文格式

标识符：0x200+ 电动机调速器 ID
　　　　（如：ID 为 1，该标识符为 0x201 ）
帧类型：标准帧
帧格式：DATA
DLC：8B

数据域	内容
DATA[0]	转子机械角度高 8 位
DATA[1]	转子机械角度低 8 位
DATA[2]	转子转速高 8 位
DATA[3]	转子转速低 8 位
DATA[4]	实际转矩电流高 8 位
DATA[5]	实际转矩电流低 8 位
DATA[6]	电动机温度
DATA[7]	Null

▶ 工程实践

一、实践任务

编写程序控制单个电动机按照低速（给定电流 200mA）和高速（给定电流 1000mA）分别运行 2s，完成三轮运行后停止。

二、实践步骤

1. 硬件接线

将 M2006 P36 电动机接至中心板，中心板的 CAN 总线接至主控板的 CAN 接口，注意中心板上的 CAN_H、CAN_L 接口需与主控板上的 CAN_H、CAN_L 接口严格对应。

2. 软件调试

打开配套工程文件，单击编译、下载，观察电动机是否按要求运动。

三、关键程序分析

1. CAN 发送函数 CAN_cmd_chassis()

CAN 发送函数 CAN_cmd_chassis() 用于向电动机调速器发送报文。其输入为电动机 1 ～ 4 的驱动电流期望值 motor1 ～ motor4，函数会将期望值拆分成高 8 位和低 8 位，放入 8B 的 CAN 的数据场中，然后添加 ID（CAN_CHASSIS_ALL_ID 0x200）、帧格式、数据长度等信息，形成一个完整的 CAN 数据帧，发送给各电动机调速器，程序如下。

CAN 发送函数

```
void CAN_cmd_chassis(int16_t motor1, int16_t motor2, int16_t motor3, int16_t motor4)
{
    uint32_t send_mail_box;
    chassis_tx_message.StdId = CAN_CHASSIS_ALL_ID;
    chassis_tx_message.IDE = CAN_ID_STD;
    chassis_tx_message.RTR = CAN_RTR_DATA;
    chassis_tx_message.DLC = 0x08;
    chassis_can_send_data[0] = motor1 >> 8;
    chassis_can_send_data[1] = motor1;
    chassis_can_send_data[2] = motor2 >> 8;
    chassis_can_send_data[3] = motor2;
    chassis_can_send_data[4] = motor3 >> 8;
    chassis_can_send_data[5] = motor3;
    chassis_can_send_data[6] = motor4 >> 8;
    chassis_can_send_data[7] = motor4;

    HAL_CAN_AddTxMessage(&CHASSIS_CAN,&chassis_tx_message, chassis_can_send_data,
&send_mail_box);
}
```

2. CAN 接收中断回调函数 HAL_CAN_RxFifo0MsgPendingCallback()

CAN 接收函数

HAL 库提供的 CAN 接收中断回调函数 HAL_CAN_RxFifo0MsgPendingCallback() 用于接收电动机调速器发送的数据。每当 CAN 完成一帧数据的接收时，就会触发一次 CAN 接收中断处理函数，接收中断处理函数完成一些寄存器的处理之后会调用 CAN 接收中断回调函数。在中断回调函数中首先判断接收对象的 ID，是否是需要的接收的电动机调速器发来的数据。完成判断之后，进行解码，将对应的电动机的数据装入电动机信息数组 motor_chassis[] 各个对应的位中，程序如下。

```
void HAL_CAN_RxFifo0MsgPendingCallback(CAN_HandleTypeDef *hcan)
{
    CAN_RxHeaderTypeDef rx_header;
    uint8_t rx_data[8];

    HAL_CAN_GetRxMessage(hcan, CAN_RX_FIFO0, &rx_header, rx_data);

    switch (rx_header.StdId)
    {
        case CAN_2006_M1_ID:
        case CAN_2006_M2_ID:
        case CAN_2006_M3_ID:
        case CAN_2006_M4_ID:
                case CAN_YAW_MOTOR_ID:
        case CAN_PIT_MOTOR_ID:
                case CAN_FRONT_AND_BACK_MOTOR_ID:
        {
```

```
            static uint8_t i = 0;
            //get motor id
            i = rx_header.StdId – CAN_2006_M1_ID;
            get_motor_measure(&motor_chassis[i], rx_data);
            break;
        }

        default:
        {
            break;
        }
    }
}
```

3. 主函数的关键字段

主函数通过调用 CAN_cmd_chassis() 函数实现低速和高速运动三轮后停止，程序如下。

```
while(i<3)
{
    CAN_cmd_chassis(200, 200, 200, 200);
    HAL_Delay(2000);
    CAN_cmd_chassis(1000,1000,1000,1000);
    HAL_Delay(2000);
    i++;
}
CAN_cmd_chassis(0, 0, 0, 0);
```

▶ 任务拓展

1）利用遥控器实现控制电动机的加速、减速、起动、停止等功能，其中加减速分为三档，第一档的电流增加或减少量为 200，第二档的电流增加或减少量为 500，第三档的电流增加或减少量为 1000。

2）实现电动机反馈数据的接收，并将其显示在 LCD 上。

任务 4.6　四轮底盘的控制

▶ 任务目标

1）了解四轮底盘的主要功能。
2）掌握四轮底盘的运动学。
3）掌握四轮底盘的控制方法。
4）能通过编程，完成四轮底盘的控制。
5）通过对四轮底盘的精确控制，培养精益求精的工匠精神。

▶ 知识储备

一、轮式移动机器人底盘

轮式移动机器人底盘具有运动速度快、运动噪声低等优点，是目前工业机器人和服务机器人使用较多的底盘。轮式底盘驱动主要有前轮转向＋后轮驱动、两轮驱动＋万向轮、四轮驱动。

1. 前轮转向＋后轮驱动

前轮转向＋后轮驱动的轮式移动机器人底盘主要采用电缸、蜗轮蜗杆等形式实现前轮转向，后轮只要一个电动机再加上差速减速器，便可完成机器人的移动要求。它具有成本低、控制简单等优缺点，但缺点在于转弯半径较大，使用相对不那么灵活。

2. 两轮驱动＋万向轮

两轮驱动＋万向轮可根据机器人对设计重心、转弯半径的要求，将万向轮和驱动轮布置为不同的形式，结构及电动机控制也相对简单，机器人灵活性较强，且易控制。

3. 四轮驱动

四轮驱动在直线行走上能力较强，驱动力也比较大，但成本较高，电动机控制较为复杂，为防止机器人打滑，需要更精细的结构设计。

二、底盘运动学

本书选用的麦克纳姆轮是一款直径为 80mm 的 45° 全向轮，在轮毂周围分布着 9 个小胶轮，与车轮的轴线成 45° 角，机械结构如图 4-23 所示。

a) 左旋轮安装　　　　b) 左旋LT　　　　c) 右旋RT

图 4-23　麦克纳姆轮机械结构图

麦克纳姆轮与普通橡胶轮的不同在于外圈的小胶轮。小胶轮在接触地面时会将地面的摩擦力分解成沿小胶轮轴线方向的 F_y 和垂直于轴线方向的 F_x。F_x 使小胶轮旋转，对整体运动不造成影响，而 F_y 会对底盘整体运动造成影响，受力分析如图 4-24 所示。由于分力方向不同，F_y 对底盘运动造成的影响不同，通过控制 4 个电动机的旋转进而控制底盘运动方向。

如图 4-25 所示，底盘麦克纳姆轮安装可采用 X 形与 O 形两种安装形式。图 4-25a 为本项目麦克纳姆轮安装形式，其中 1 和 3 为右旋麦克纳姆轮；2 和 4 为左旋麦克纳姆轮，沿辊子轴向分别将 1 和 3、2 和 4 连接，形成 X 形交叉，故称为 X 形安装。

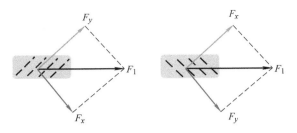

麦克纳姆轮
受力分析

图 4-24　麦克纳姆轮受力分析图

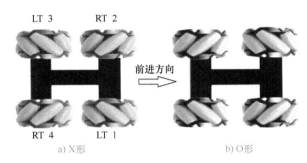

a) X形　　　　　　　　　　　　　　b) O形

图 4-25　麦克纳姆轮底盘安装俯视图

底盘运动学模型包括正运动学模型和逆运动学模型。根据麦克纳姆轮运动速度计算底盘运动状态的过程称为底盘正运动学计算，根据底盘运动状态计算麦克纳姆轮运动速度的过程称为逆运动学计算。底盘的运动可以用 3 个独立变量来描述：X 轴平动、Y 轴平动、绕 Z 轴自转，而 4 个麦克纳姆轮的速度也是由 4 个独立的电动机提供。

图 4-26 为麦克纳姆轮底盘运动方向构建坐标系。底盘前进方向设定为 x 轴正向，左移方向为 y 轴正向，z 轴竖直向上。底盘逆时针旋转为旋转正向，沿 x 轴方向的前后运动设为 v_x，沿 y 轴方向的左右运动设为 v_y，绕 z 轴的旋转运动设为 w_z。

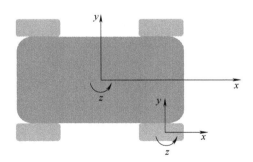

图 4-26　麦克纳姆轮底盘运动方向构建坐标系

如图 4-27 所示，当 4 个底盘电动机速度均为 x m/s（此处电动机转速需转换为辊子的线速度），前两轮左右方向的受力相互抵消，只留下前后方向的受力；后两轮同样左右方向的受力相互抵消，只留下前后方向的受力。此时，底盘前进速度为 x m/s。

如图 4-28 所示，若 4 个底盘电动机速度分别为 y m/s、$-y$ m/s、y m/s、$-y$ m/s，则前两轮前后方向的受力相互抵消，只留下前左右方向的受力；后两轮同样前后方向的受力相互抵消，只留下左右方向的受力。此时，底盘为左移运动，速度为 y m/s。

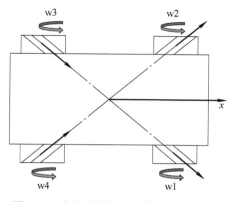

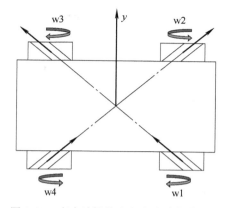

图 4-27　麦克纳姆轮底盘前进受力分析图　　　　图 4-28　麦克纳姆轮底盘左移受力分析图

根据底盘速度计算麦克纳姆轮的速度，见表 4-8。

表 4-8　底盘速度与麦克纳姆轮速度关系

底盘速度	麦克纳姆轮速度
前进速度 v_x	$v_1=v_x$ $v_2=v_x$ $v_3=v_x$ $v_4=v_x$
左右速度 v_y	$v_1=v_y$ $v_2=-v_y$ $v_3=v_y$ $v_4=-v_y$
旋转速度 w_z	$v_1=w_z$ $v_2=-w_z$ $v_3=-w_z$ $v_4=w_z$

麦克纳姆轮速
度与底盘速度
关系

由表 4-8 可将底盘三自由度运动速度转化成 4 个麦克纳姆轮速度，具体公式为

$$v_1 = v_x + v_y + w_z$$
$$v_2 = v_x - v_y - w_z$$
$$v_3 = v_x + v_y - w_z$$
$$v_4 = v_x - v_y + w_z$$

当电动机 1 和电动机 4 处于前进速度的时候，电动机 1 和电动机 4 是顺时针旋转为负值，电动机 2 和电动机 3 是逆时针旋转为正值，故修正后的公式为

$$v_1 = -v_x - v_y - w_z$$
$$v_2 = v_x - v_y - w_z$$
$$v_3 = v_x + v_y - w_z$$
$$v_4 = -v_x + v_y - w_z$$

若已知 4 个电动机的速度，则底盘三自由度运动速度则可用下列公式求得

$$v_x = (-v_1 + v_2 + v_3 - v_4)/4$$
$$v_y = (-v_1 - v_2 + v_3 + v_4)/4$$
$$w_z = (-v_1 - v_2 - v_3 - v_4)/4$$

▶ 工程实践

一、实践任务

利用遥控器控制底盘的前进、后退、左移、右移、自旋。

二、实践步骤

1. 硬件接线

将 4 个 M2006 P36 电动机接至中心板，中心板的 CAN 总线接至主控板的 CAN 接口，注意中心板上的 CAN_H、CAN_L 接口需与主控板上的 CAN_H、CAN_L 接口严格对应。

2. 软件调试

打开配套工程文件，单击编译、下载，观察底盘是否根据遥控器的指令运动。

三、关键程序分析

由于电动机的发送和接收指令和任务 4.5 中是一致的，故此处不再重复介绍。在主函数中可以直接通过 switch() 函数选择不同的按键进行前进、后退、左移、右移、逆时针自旋、顺时针自旋运动，程序如下。

 底盘的控制程序介绍

```
while(1)
{
    PS2_Receive();
    switch(PS2_KEY)
    {
        // 底盘前向
        case 5:
        {
            CAN_cmd_chassis(-SPEED_TEST, SPEED_TEST, SPEED_TEST, -SPEED_TEST);
            delay_ms(10);
            break;
        }
        // 底盘后向
        case 7:
        {
            CAN_cmd_chassis(SPEED_TEST, -SPEED_TEST, -SPEED_TEST, SPEED_TEST);
            delay_ms(10);
            break;
        }
```

```
    // 底盘右移
    case 6:
    {
        CAN_cmd_chassis(SPEED_TEST, SPEED_TEST, -SPEED_TEST, -SPEED_TEST);
        delay_ms(10);
        break;
    }
    // 底盘左移
    case 8:
    {
        CAN_cmd_chassis(-SPEED_TEST, -SPEED_TEST, SPEED_TEST, SPEED_TEST);
        delay_ms(10);
        break;
    }
    // 底盘逆时针自旋
    case 9:
    {
        CAN_cmd_chassis(-SPEED_TEST, -SPEED_TEST, -SPEED_TEST, -SPEED_TEST);
        delay_ms(10);
        break;
    }
    // 底盘顺时针自旋
    case 11:
    {
        CAN_cmd_chassis(SPEED_TEST, SPEED_TEST, SPEED_TEST, SPEED_TEST);
        delay_ms(10);
        break;
    }
    // 未按键时停止
    case 0:
    {
        CAN_cmd_chassis(0,0,0,0);
        delay_ms(10);
        break;
    }
    default:
    {
        CAN_cmd_chassis(0,0,0,0);
        delay_ms(10);
        break;
    }
    }
}
```

▶ 任务拓展

1）请在机器人主控板上完成例程，并确定 PS2 遥控器上的按键与实际各个运动的对应关系。

2）请修改示例程序中的相关参数，使底盘前进、后退、左移、右移、自旋的速度变快。

3）如果修改底盘上的电动机调速器布局（即修改电动机调速器编号），请问应该如何对应修改程序？

任务 4.7　机械臂的控制

▶ 任务目标

1）了解机械臂的基本概念和构型。
2）了解机械臂的运动学。
3）掌握机械臂的控制方法。
4）能通过编程，完成机械臂的控制。
5）通过对机械臂的精确控制，培养精益求精的工匠精神。

▶ 知识储备

一、机械臂的基本概念及主要构型

机械臂亦称为机械手臂，是高精度，多输入／多输出、高度非线性、强耦合的复杂系统，因其独特的操作灵活性，已在工业装配、安全防爆等领域得到广泛应用。当机械臂的自由度数确定后，需合理布置各关节来实现自由度；对于不同任务，需规划机械臂关节空间的运动轨迹从而级联构成末端位姿。

机械臂的主要构型有笛卡尔机械臂、铰接型机械臂、SCARA 型机械臂、球面坐标型机械臂、圆柱坐标型机械臂等。如图 4-29 所示，笛卡尔机械臂关节 1 到关节 3 是移动副且相互垂直，分别对应于笛卡尔坐标系的 X、Y、Z 轴，该类构型的逆运动学解较简单。铰接型机械臂（亦称为关节型、轴型或者拟人操作臂）通常由 2 个肩关节、1 个肘关节以及 2～3 个位于操作臂末端的腕关节组成。铰接型机械臂减少了机械臂在工作空间中的干涉，使机械臂能到达指定的空间位置，整体结构比笛卡尔机械臂小，可应用于工作空间较小场合，成本较低。SCARA 型机械臂有 3 个平行的旋转关节，使机器人可在一个平面内移动和定向，第 4 个移动关节可使末端执行器垂直于该平面，该结构中前 3 个关节无须支撑操作臂或负载的任何重量，因结构优势可选用较大型驱动器用于实现机械臂的快速运动。球面坐标型机械臂与铰接型机械臂有较多相似之处，其特点采用移动关节代替肘关节，移动连杆可伸缩，在某些场合比铰接型机械臂更加适用。圆柱坐标型机械臂由一个使手臂竖直运动的移动关节和一个带有竖直轴的旋转关节组成，另一个移动关节与旋转关节的轴正交可实现末端的伸缩，当该正交位置的移动关节长度不变时，该机械臂的运动可形成一个圆柱表面，空间定位比较直观。

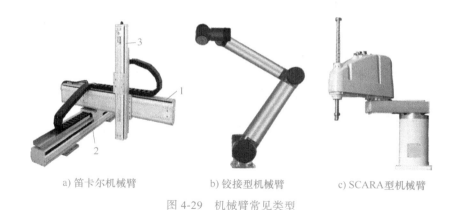

a) 笛卡尔机械臂　　　　　b) 铰接型机械臂　　　　c) SCARA型机械臂

图 4-29　机械臂常见类型

二、机械臂运动学

机械臂的运动学分析分为正运动学和逆运动学两部分。正运动学分析是指对于给定的机械臂，根据其连杆参数和各关节变量，来求解末端执行器相对于给定坐标系的位置和姿态。逆运动学分析是指根据机械臂已知的连杆参数和末端执行器相对于固定坐标系的位置和姿态，来求解机械臂各关节变量的大小。

1. 正运动学分析

任何机器人的机械臂可看作是一系列由关节连接起来的连杆构成的，因此可以为每一连杆建立一坐标系，并用齐次变换来描述这些坐标系间的相对位置和姿态。通常把描述一个连杆与下一连杆间相对关系的齐次变换称为 A 矩阵。一个 A 矩阵代表一个描述连杆坐标系间相对平移和旋转的齐次变换。如果 A_1 表示第 1 个连杆对于基系的位置和姿态，A_2 表示第 2 个连杆对于第 1 个连杆的位置和姿态，那么第 2 个连杆在基系中的位置和姿态可由矩阵的乘积给出：$T_2 = A_1 A_2$。同理，若 A_3 表示第 3 个连杆对于第 2 个连杆的位置和姿态，则有 $T_3 = A_1 A_2 A_3$。若机械臂为六连杆机械手，则 $T_6 = A_1 A_2 A_3 A_4 A_5 A_6$。

一般采用 D-H 法来建立坐标系并推导机械臂的运动方程。D-H 法（四参数法）是 1995 年由 Denavit 和 Hartenberg 提出的一种建立相对位姿的矩阵方法，利用齐次变换描述各连杆相对于固定参考坐标系的空间几何关系，用一个 4×4 的齐次变换矩阵描述相邻两连杆的空间关系，从而推导出末端执行器坐标系相对于基坐标系的等价齐次坐标变换矩阵，建立机械臂的运动学方程。

图 4-30 为三关节坐标变化示意图。每个关节均可以转动或平移。第 1 个关节指定为关节 n，第 2 个关节为关节 $n+1$，第 3 个关节为关节 $n+2$。在这些关节的前后可能还有其他关节。连杆也是如此，连杆 n 位于关节 n 与 $n+1$ 之间，连杆 $n+1$ 位于关节 $n+1$ 和 $n+2$ 之间。为了用 D-H 表示法对机器人建模，必须为每个关节指定一个本地参考坐标系，通常指定 z 轴与 x 轴两轴即可，y 轴可由 z 轴与 x 轴确定。

由于所有的变换均相对于当前的本地坐标系来测量与执行，因此所有矩阵均为右乘。通过右乘表示 4 个运动的 4 个矩阵，则可得到变换矩阵 A，矩阵 A 表示 4 个依次的运动。

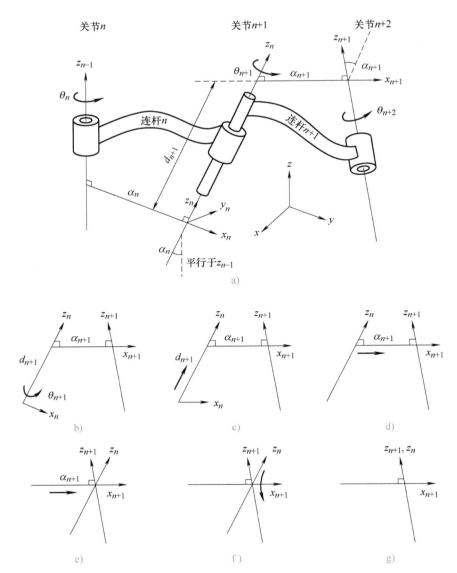

图 4-30 三关节坐标变化示意图

D–H 表示法对机器人建模：

$$\boldsymbol{T}_{n+1}^{n} = \boldsymbol{A}_{n+1} = \mathrm{Rot}(z, \theta_{n+1}) \times \mathrm{Tran}(0,0,d_{n+1}) \times \mathrm{Tran}(a_{n+1},0,0) \times \mathrm{Rot}(x, \alpha_{n+1})$$

$$= \begin{bmatrix} C\theta_{n+1} & -S\theta_{n+1} & 0 & 0 \\ S\theta_{n+1} & C\theta_{n+1} & 0 & 0 \\ 0 & 0 & 1 & 0 \\ 0 & 0 & 0 & 1 \end{bmatrix} \times \begin{bmatrix} 1 & 0 & 0 & 0 \\ 0 & 1 & 0 & 0 \\ 0 & 0 & 1 & d_{n+1} \\ 0 & 0 & 0 & 1 \end{bmatrix} \times$$

$$\begin{bmatrix} 1 & 0 & 0 & a_{n+1} \\ 0 & 1 & 0 & 0 \\ 0 & 0 & 1 & 0 \\ 0 & 0 & 0 & 1 \end{bmatrix} \times \begin{bmatrix} 1 & 0 & 0 & 0 \\ 0 & C\alpha_{n+1} & -S\alpha_{n+1} & 0 \\ 0 & S\alpha_{n+1} & C\alpha_{n+1} & 0 \\ 0 & 0 & 0 & 1 \end{bmatrix}$$

$$A_{n+1} = \begin{bmatrix} C\theta_{n+1} & -S\theta_{n+1}C\alpha_{n+1} & S\theta_{n+1}S\alpha_{n+1} & a_{n+1}C\theta_{n+1} \\ S\theta_{n+1} & C\theta_{n+1}C\alpha_{n+1} & -C\theta_{n+1}S\alpha_{n+1} & a_{n+1}S\theta_{n+1} \\ 0 & S\alpha_{n+1} & C\alpha_{n+1} & d_{n+1} \\ 0 & 0 & 0 & 1 \end{bmatrix}$$

以机器人的关节 2 与关节 3 之间的变换为例，该运动可简化为

$$T_3^2 = A_3 = \begin{bmatrix} C\theta_3 & -S\theta_3C\alpha_3 & S\theta_3S\alpha_3 & a_3C\theta_3 \\ S\theta_3 & C\theta_3C\alpha_3 & -C\theta_3S\alpha_3 & a_3S\theta_3 \\ 0 & S\alpha_3 & C\alpha_3 & d_3 \\ 0 & 0 & 0 & 1 \end{bmatrix}$$

在机器人的基座上，可从第 1 个关节开始，变换到第 2 个关节……最终到末端执行器。若把每个变换定义为 A_n，则可得到许多表示变换的矩阵。在机器人基座与末端之间的总变换规则为

$$T_H^R = T_1^R T_2^1 T_3^2 \cdots T_n^{n-1} = A_1 A_2 A_3 \cdots A_n$$

其中 n 是关节数。对于一个具有六自由度的机械臂而言，就有 6 个 A 矩阵。

为简化 A 矩阵的计算，可制作一个关节和连杆参数的表格，其中每个连杆和关节的参数值可从机械臂的原理示意图上确定，并可将这些参数代入 A 矩阵。

2. 逆运动学分析

逆运动学的求解过程是根据已知的末端执行器相对于参考坐标的位姿求关节变量 θ_1、θ_2、θ_3、θ_4、θ_5、θ_6 的过程，是机器人运动规划和轨迹控制的基础，也是运动学的重要部分。运动学逆解的求解比正解要复杂得多，需要考虑以下几个问题。

（1）存在性　对于给定的位姿，至少存在一组关节变量来产生希望的机器人位姿，如果给定机械手位置在工作空间外，则解不存在。

（2）唯一性　对于给定的位姿，仅有一组关节变量来产生希望的机器人位姿。对于机器人，可能出现多解。

（3）多重解　应根据具体情况而定，在避免碰撞的前提下，通常按最短行程的准则来择优，使每个关节的移动量最小。

（4）机器人运动学逆解的数目取决于关节数目、连杆参数和关节变量的活动范围　一般，非零连杆参数越多，运动学逆解数目越多（多至 16 个）。

（5）加权处理　由于工业机器人前面三个连杆的尺寸较大，后面三个较小，故应加权处理，遵循多移动小关节、少移动大关节的原则。

由于机械臂逆运动问题本身的复杂性，建立通用算法非常困难。有关机器人运动学逆解的求解方法很多，主要有解析法、几何法、符号及数值方法、几何解析法等。本书此处不再详述，感兴趣的读者可自行阅读相关文献以做进一步研究。

三、机械臂的位置控制

机械臂的位置控制是为了确保机械臂能够没有偏差地到达期望的位置，是机械臂的重

要功能。机械臂的关节通常由电动机进行驱动，操作者可以通过计算机控制关节中的电动机来控制机械臂。由于电动机通过控制增量来移动，因此可使机械臂的重复运动具有较高的准确性和可靠性。

为控制机械臂的位置，需使用电动机随时输出电磁转矩来稳定机械臂的重力矩。在控制机械臂到达指定位置时，电动机转速为零且处在堵转状态，输出力矩即为堵转转矩。可通过改变电枢电压的方法实现对电动机堵转转矩的控制，从而实现机械臂的位置控制。

常用机械臂位置控制方法有三环反馈伺服控制、前馈加三环控制、非线性控制等。三环反馈伺服控制按照指令位置直接生成力矩，控制均在驱动器中完成，控制器相当于负责向驱动器发送指令位置的轨迹规划器，该方法稳定状态下精度高且抗干扰能力强，可保证机械臂的重复定位精度，但其动态性能较差，往往在指令位置曲线与实际位置曲线之间存在较大延迟。前馈加三环控制方法在三环反馈控制的基础上加入了前馈指令值，以提高系统的动态响应能力。前两种方法中，驱动器均在位置控制模式下运行，而非线性控制方法则将驱动器置于力矩或电流模式下运行，控制器直接按照指令位置计算力矩值并发送给驱动器，驱动器被弱化为一个功率放大模块，运动控制实则由控制器完成。常用的非线性控制方法由计算力矩法、反馈线性化法以及自适应法等。

▶ 工程实践

一、实践任务

利用遥控器控制机械臂云台的旋转、前向关节的运动、提升关节的运动和夹爪的开闭。

二、实践步骤

1. 硬件接线

将云台上的 4 个 M2006 P36 电动机接至中心板，中心板的 CAN 总线接至主控板的 CAN 接口，注意中心板上的 CAN_H、CAN_L 接口需与主控板上的 CAN_H、CAN_L 接口严格对应。

2. 软件调试

打开配套工程文件，单击编译、下载，观察机械臂是否按要求运动。

三、关键程序分析

由于电动机的发送和接收指令和任务 4.5 中一致，故此处不再重复介绍。机械臂的云台旋转、前向关节、提升关节以及夹爪运动此处通过主函数中 switch() 函数选择不同按键来实现，程序如下。

机械臂关键
代码分析

```
while(1)
{
    PS2_Receive();
    switch(PS2_KEY)
```

```
{
    // 机械臂向前
    case 13:
    {
        CAN_cmd_gimbal(0,0,-ARM_FB_SPEED_TEST,0);
        break;
    }
    // 机械臂向后
    case 15:
    {
        CAN_cmd_gimbal(0,0,ARM_FB_SPEED_TEST,0);
        break;
    }
    // 机械臂左旋
    case 14:
    {
        CAN_cmd_gimbal(ARM_ROTATE_SPEED_TEST,0,0,0);
        break;
    }
    // 机械臂右旋
    case 16:
    {
        CAN_cmd_gimbal(-ARM_ROTATE_SPEED_TEST,0,0,0);
        break;
    }
    // 机械臂下降
    case 10:
    {
        CAN_cmd_gimbal(0,-ARM_LIFT_SPEED_TEST,0,0);
        break;
    }
    // 机械臂抬升
    case 12:
    {
        CAN_cmd_gimbal(0,ARM_LIFT_SPEED_TEST,0,0);
        break;
    }
// 夹爪打开
    case 1:
    {
        angle_pulse += 500/9;          // 每次增加 5°
        if(angle_pulse >= 2400)
            angle_pulse = 2400;
        if(angle_pulse <= 1600)
            angle_pulse = 1600;
        servo_pwm_set4(angle_pulse);
        break;
    }
```

```
        // 夹爪闭合
        case 4:
        {
            angle_pulse -= 500/9;              // 每次增加 5°
            if(angle_pulse >= 2400)
                angle_pulse = 2400;
            if(angle_pulse <= 1600)
                angle_pulse = 1600;
            servo_pwm_set4(angle_pulse);
            break;
        }
    // 未按键时停止
        case 0:
        {
            CAN_cmd_chassis(0,0,0,0);
            delay_ms(10);
            break;
        }
        default:
        {
            CAN_cmd_chassis(0,0,0,0);
            delay_ms(10);
            break;
        }
    }
}
```

▶ 任务拓展

1）请在机器人主控板上完成示例程序，并确定 PS2 遥控器上的按键与实际各个运动的对应关系。

2）请修改示例程序中的相关参数，使机械臂的自旋、前后向、上下向的速度变快。

3）如果修改了云台上的电动机调速器布局（即修改电动机调速器编号），请问该如何对应修改程序？

任务 4.8　遥控系统的设计与实现

▶ 任务目标

1）了解遥控系统的基本概念。

2）理解遥控系统的设计方法。

3）掌握遥控系统的实现。

4）能完成遥控系统的设计，并实现遥控控制。

5）通过手动精确控制机器人，培养精益求精的工匠精神。

▶ 知识储备

一、遥控系统的基本概念

遥控系统是指对相隔一定距离的被测对象进行控制，并使其产生相应控制效果的系统。其一般由控制信号产生机构、传输设备、执行机构组成。

在本书中，遥控系统指的是通过 PS2 遥控器远程控制系统，信号产生机构是 PS2 遥控器，传输设备为 PS2 遥控器的发送器和接收器，执行机构为移动机器人底盘和机械臂上的电动机。简单来说，本书的遥控系统通过 PS2 遥控器控制移动机器人上的电动机和舵机，结合机械结构使其完成指定动作的系统。

二、遥控系统设计方法

因移动机器人采用的主控板为 STM32F407ZET6 芯片，故遥控系统的设计与单片机系统的设计方法类似，主要分为系统整体设计、系统硬件设计、系统软件设计、系统调试 4 个部分。

（1）系统整体设计　在系统整体设计中，需要进行处理器选型以更好地满足设计的需求。此外，对于硬件和软件都可实现的功能，需要在成本和性能上做出抉择，往往通过硬件实现会增加产品的成本，但能大大提高产品的性能和可靠性。开发环境的选择对系统设计也有很大的影响，例如开发成本和进度限制较大的设计可以选择嵌入式 Linux 系统，对实时性要求非常高的产品可以选择 VxWorks 等。

（2）系统硬件设计　系统硬件设计时，首先根据系统所需完成的功能，选择合适的处理器和外围器件，完成系统的功能框图设计；然后进行电气原理图设计及 PCB 设计；接着，对加工完成的 PCB 进行器件焊接和测试，完成整个系统硬件设计。一个完整的硬件设计大致需要经过项目需求和计划阶段、原型阶段、开发阶段、验证阶段 4 个阶段。

（3）系统软件设计　系统软件设计总体流程分为需求分析、软件概要设计、软件详细设计、软件实现和软件测试。

（4）系统调试　在完成系统硬件设计和软件设计后，需要针对系统进行整体联合调试，确定软硬件协同工作正常，如不正常，需要重新修改系统硬件设计或系统软件设计，直至满足最终的设计需求。

三、遥控系统实例

本书的遥控系统需求为通过 PS2 遥控器控制移动机器人底盘实现前进、后退、左移、右移、顺时针自旋、逆时针自旋、云台左旋、云台右旋、云台前向运动、云台后向运动、云台提升运动、云台下降运动、夹爪打开、夹爪关闭等动作，其实质是任务 4.6 和任务 4.7 的结合。

本书的硬件设计请见配套的 STM32F407ZET6 主控板原理图及 PCB 图。

遥控系统软件设计流程图如图 4-31 和图 4-32 所示，其中图 4-31 为遥控系统整体控制流程图，利用遥控器按键选择手动控制、自动控制和停止控制 3 种模式，本任务主要分析手动控制模式，自动控制模式将在项目 5 分析。图 4-32 为手动控制流程图，是图 4-31 中的手动控制程序段模块的详细实现。

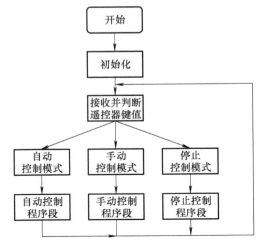

图 4-31　遥控系统整体控制流程图

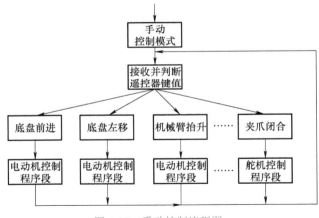

图 4-32　手动控制流程图

▶ 工程实践

一、实践任务

利用遥控器控制机器人前后左右旋转运动，同时机械臂可以转动到指定位置。

二、实践步骤

1. 硬件接线

将底盘和云台上的 8 个 M2006 P36 电动机接至中心板，中心板的 CAN 总线接至主控板的 CAN 接口，注意中心板上的 CAN_H、CAN_L 接口需与主控板上的 CAN_H、CAN_L 接口严格对应。

2. 软件调试

打开配套工程文件，单击编译、下载，观察机器人是否按要求运动。

三、关键程序分析

1. 手动、自动、停止控制模式的设置

图 4-31 中对应的 3 种模式，可以通过 if-else 语句实现。当 PS2 左摇杆和右摇杆同时向上推到底时，进入手动控制模式；当 PS2 左摇杆和右摇杆同时向下推到底时，进入自动控制模式。在手动控制模式和自动控制模式执行的过程中，嵌套定义 while(1) 循环以让其一直处于该模式。如要切换模式，需同时将 PS2 左摇杆向左推到底、右摇杆向右推到底，才可终止当前模式，进入停止模式，再切换到另外的模式，程序如下。

```
while (1)
{
    /* USER CODE END WHILE */

    /* USER CODE BEGIN 3 */
        PS2_Receive();

        if(PS2_LY < 10 && PS2_RY < 10)
        {
            // 手动控制模式
            while(1)
            {
                PS2_Receive();
                if(PS2_LX < 10 && PS2_RX > 245)
                    break;
                switch(PS2_KEY)
                {
                ......
                }
            }
        }
        else if(PS2_LY > 245 && PS2_RY > 245)
        {
            // 自动控制模式
            while(1)
            {
                PS2_Receive();
                if(PS2_LX < 10 && PS2_RX > 245)
                    break;
                ......
            }
        }
        else
        {
            // 停止模式
```

```
                ……
            }
    }
```

2. 机器人遥控系统的实现

手动控制程序段实则是任务 4.6 和任务 4.7 的综合，具体可参考任务 4.6 和任务 4.7，此处不再详述。底盘与机械臂的遥控系统通过 switch() 函数读 PS2 的键盘值判断执行，关键程序段如下。

```
while(1)
{
    PS2_Receive();
    switch(PS2_KEY)
    {
        // 底盘前向
        case 5:
        {
            CAN_cmd_chassis(-SPEED_TEST, SPEED_TEST, SPEED_TEST, -SPEED_TEST);
            delay_ms(10);
            break;
        }
        // 底盘后向
        case 7:
        {
            CAN_cmd_chassis(SPEED_TEST, -SPEED_TEST, -SPEED_TEST, SPEED_TEST);
            delay_ms(10);
            break;
        }
        // 底盘右向
        case 6:
        {
            CAN_cmd_chassis(SPEED_TEST, SPEED_TEST, -SPEED_TEST, -SPEED_TEST);
            delay_ms(10);
            break;
        }
        // 底盘左向
        case 8:
        {
            CAN_cmd_chassis(-SPEED_TEST, -SPEED_TEST, SPEED_TEST, SPEED_TEST);
            delay_ms(10);
            break;
        }
        // 底盘逆时针自旋
        case 9:
        {
            CAN_cmd_chassis(-SPEED_TEST,-SPEED_TEST,-SPEED_TEST,-SPEED_TEST);
            delay_ms(10);
            break;
```

```
    }
    // 底盘顺时针自旋
    case 11:
    {
        CAN_cmd_chassis(SPEED_TEST,SPEED_TEST,SPEED_TEST,SPEED_TEST);
        delay_ms(10);
        break;
    }
    // 机械臂向前
    case 13:
    {
        CAN_cmd_gimbal(0,0,-ARM_FB_SPEED_TEST,0);
        break;
    }
    // 机械臂向后
    case 15:
    {
        CAN_cmd_gimbal(0,0,ARM_FB_SPEED_TEST,0);
        break;
    }
    // 机械臂左旋
    case 14:
    {
        CAN_cmd_gimbal(ARM_ROTATE_SPEED_TEST,0,0,0);
        break;
    }
    // 机械臂右旋
    case 16:
    {
        CAN_cmd_gimbal(-ARM_ROTATE_SPEED_TEST,0,0,0);
        break;
    }
    // 机械臂下降
    case 10:
    {
        CAN_cmd_gimbal(0,-ARM_LIFT_SPEED_TEST,0,0);
        break;
    }
    // 机械臂抬升
    case 12:
    {
        CAN_cmd_gimbal(0,ARM_LIFT_SPEED_TEST,0,0);
        break;
    }
    // 夹爪打开
    case 1:
    {
        angle_pulse += 500/9;          // 每次增加 5°
```

```
            if(angle_pulse >= 2400)
                angle_pulse = 2400;
            if(angle_pulse <= 1600)
                angle_pulse = 1600;
            servo_pwm_set4(angle_pulse);
            break;
        }
        // 夹爪闭合
        case 4:
        {
            angle_pulse -= 500/9;              // 每次增加 5°
            if(angle_pulse >= 2400)
                angle_pulse = 2400;
            if(angle_pulse <= 1600)
                angle_pulse = 1600;
            servo_pwm_set4(angle_pulse);
                break;
        }
        // 未按键时停止
        case 0:
        {
            CAN_cmd_chassis(0,0,0,0);
            delay_ms(10);
            break;
        }
        default:
        {
            CAN_cmd_chassis(0,0,0,0);
            delay_ms(10);
            break;
        }
    }
}
```

▶ 任务拓展

1）请在机器人主控板上完成示例程序，并确定 PS2 遥控器上的按键与实际各个运动的对应关系。

2）请修改示例程序中的相关参数，使机器人的各个动作速度变快。

3）请尝试改变 PS2 按键对应的动作，另外是否可以使用组合按键的形式完成更多的动作？

项目 5

移动机器人自动控制综合实践

随着机器人性能的不断完善，移动机器人的应用范围大为扩展，不仅在工业、农业、国防、医疗、服务等行业中得到广泛的应用，而且在排雷、救援、辐射和空间领域等有害与危险场合都得到了很好的应用。在各个应用场景中，如果机器人的所有动作都需要人类来主动操作，则失去了意义，因此机器人需要有自动完成一些动作的能力，即机器人具有一定的智能，而机器人智能的实现则需要用到机器人自动控制技术。本项目以移动机器人在规定的场地内完成物料搬运任务为例，讲解机器人自动控制系统的基本概念以及实现。

任务 5.1　移动机器人综合实践任务需求分析

▶ 任务目标

1）理解机器人开发需求分析的基本概念及基本流程。
2）掌握结构图、流程图的绘制。
3）通过项目实施，培养动手实践能力和团队合作能力。

▶ 知识储备

本项目主要结合具体应用对象和应用场景进行移动机器人任务需求分析，更加偏重于从控制系统的角度进行分析。

任务需求分析主要分析机器人的具体任务是什么，全面理解对机器人的各项要求，解决机器人"做什么"的问题。如果投入大量的人力、物力、财力和时间开发出的机器人无法完成规定任务，无法满足预期要求，那么就需要再重新设计开发，造成资源浪费。因此，一个合理、优秀、详细的需求分析是机器人很好完成任务的前提。需求分析具有决策性、方向性、策略性的作用，在机器人开发过程中具有举足轻重的地位。

机器人任务需求分析阶段的工作可以分为 4 个方面：问题识别、分析与综合、制订规格说明书、评审。

1. 问题识别

问题识别是指从系统角度理解机器人，确定对机器人系统的综合需求，并提出需求的实现条件，以及需求应该达到的标准。需求主要包括：功能需求（做什么）、性能需求（要达到什么指标）、环境需求（如机型、开发环境等）、可靠性需求（不发生故障的概率）、安全保密需求、用户界面需求、资源使用需求以及软件成本消耗与开发进度需求。

2. 分析与综合

逐步细化软件功能，找出系统各元素间的联系、接口特性及设计上的限制，分析是否满足需求，剔除不合理部分，增加所需部分，并综合成系统的解决方案，给出系统的详细逻辑模型（功能模型或框图）。

3. 制订规格说明书

编制文档，描述需求的文档称为需求规格说明书。注意需求分析阶段的成果是需求规格说明书，向下一阶段提交。

4. 评审

对功能的正确性、完整性、清晰性以及其他需求给予评价。评审通过后方可进行下一阶段工作，否则重新分析。

需求分析的方法有多种，如原型化方法、结构化方法、动态分析法等。其中，原型化方法基于以用户为中心的思想，可以有效缩短系统开发周期、降低成本和风险、加快开发速度，进而能够获得较高的综合开发效益。此处简要介绍其基本原理及分类。

原型化方法也称为快速原型法，简称原型法，是根据用户初步需求利用原型工具快速建立一个系统模型，在此基础上进行用户交流，最终实现用户需求的系统快速开发的方法。该系统模型实现了目标系统的某些或全部功能，但是在可靠性、界面的友好性或其他方面可能存在缺陷。构建快速原型系统的目的是为了考察某一方面的可行性，比如算法的可行性、技术的可行性或考察是否满足用户的需求等。原型化方法的优点主要在于能够有效确认用户的需求，适用于那些需求不明确的系统开发。对于分析层面难度大、技术层面难度不大的系统可采用原型法开发，而对于技术层面的难度远大于分析层面的系统，则不宜用原型法。

原型主要有 3 种类型，即探索型、实验型、演化型。探索型的目的是弄清楚对目标系统的要求，确定其期望特性，并探讨多种实现方案的可行性。实验型的目的是验证方案或算法的合理性，是在大规模开发和实现前，用于考查方案是否合适、规格说明是否可靠等。演化型的目的是将原型作为目标的一部分，通过对原型的多次改进，逐步将原型模型演化成最终的目标系统。

使用原型化方法有两种不同策略，即废弃策略与追加策略。废弃策略先建造一个功能简单且质量要求不高的模型系统，针对该系统反复修改，形成较好的思想，据此设计出较完整、准确、一致且可靠的最终系统。系统构造完成后，原始模型系统则被废弃，探索型和实验型属于废弃策略。追加策略则是构造一个功能简单而且质量要求不高的模型系统作为最终系统的核心，然后通过不断地扩充修改，并逐步追加新要求，经迭代发展成为最终系统。演化型属于追加策略。

▶ 工程实践

一、任务场地搭建

在项目 2 中曾给出移动机器人的设计任务，要求机器人能够自主地在给定场景（见

图 2-1）中行走，到达物料摆放区域，自主识别并抓取物料，然后运送到收集区域并回到终点。给定的场景中有坡道、引导路线、随机障碍物以及无引导窄巷、直角转弯等地形与环境因素。

为便于控制系统的参数调节、保障自动控制系统调试的精准度、验证机器人的功能与性能，需完成实际场地的搭建。如图 5-1 所示，本书选用木头制作场地和场地元素，场地图采用白色背景黑色线条的不干胶制作方法，物料区和放置区随机分布在行进的路线上。

二、任务需求分析

基于场景要求与工作设定，该机器人需具备自主行走、避障、循迹、目标识别、抓取以及搬运投递功能。为合理满足设计需求，本项目将控制系统设计指标归纳为如下几点：

1）机器人的宽度尺寸不应超过场地中两条循迹线的宽度（400mm）。

2）机器人需具备较强的可移动性，最大移动速度应不低于1m/s，可移动方向应尽可能多。

3）机器人应具备夹取功能，并能保证其操作空间覆盖物料区。

4）机器人应具备感知功能，能有效地进行避障和自身定位。

5）机器人自身定位精度误差应保持在 5cm 以内。

6）机器人对物料的定位精度误差应保持在 2cm 以内。

移动机器人控制系统的整体框图如图 5-2 所示。

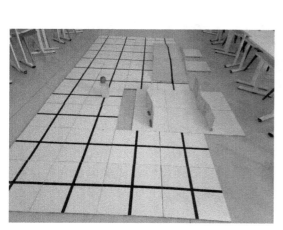

图 5-1　移动机器人实际场地图

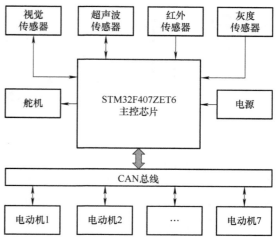

图 5-2　移动机器人控制系统的整体框图

▶ 任务拓展

1）按照给定场景设计元素制作并布置场地。

2）根据设计要求完成完整且详细的需求分析文档。

任务 5.2　灰度传感器的应用

▶ 任务目标

1）理解灰度传感器的基本原理。
2）掌握灰度传感器的编程与使用方法。
3）能完成灰度传感器的安装及调试。
4）通过传感器的调试，培养精益求精的工匠精神。

▶ 知识储备

灰度传感器常被用于机器人循迹行走的实现。灰度传感器通过发光二极管和光敏电阻完成检测。在有效检测距离内，发光二极管发出白光，照射在检测面上，光线经过反射被光敏电阻感测，不同颜色的检测面对光的反射程度不同，不同强度光照时，光敏电阻的阻值也不同，因而灰度传感器可实现颜色深浅检测。

本项目案例中选用的是八路灰度传感器，如图 5-3 所示。采用标准三线接口，分别为VCC、GND 与 SIGN，其中 VCC 为 5V 供电电源，GND 为电源地线，SIGN 为信号线。当对灰度传感器进行供电时，根据不同检测面返回数值（0～1023），由 SIGN 输出，颜色越淡数值越小，颜色越深数值越大。传感器可按照阈值进行颜色区分，当数值大于或等于阈值时输出高电平 1，当数值小于阈值时输出低电平 0。八路灰度传感器共有 10 个口，包括 8 个 I/O 口和 2 个电源口。

图 5-3　灰度传感器

灰度传感器的阈值可通过调节器调整。检测时，可将发射 / 接收元件置于给定亮度或颜色处，调整调节器以获得合适的返回值。调节器逆时针方向旋转返回模拟量变大，调节器顺时针方向旋转返回模拟量变小。若需要获得准确的模拟量，可编写程序在显示屏上显示并配合调节器调节。

▶ 工程实践

一、实践任务

将八路灰度传感器置于黑色循迹线的上方，观察灰度传感器是否正常工作。若正确检测到黑线，则对应的 LED 点亮；若未检测到黑线，则对应的 LED 熄灭。

二、实践步骤

1. 硬件接线

将八路灰度传感器的 8 根信号线分别接至主控板 P42 模块的 PF3 ～ PF10，VCC 接主控板 5V 接口，GND 接主控板 GND 接口。

2. 软件调试

打开配套工程文件，单击编译、下载，观察灰度传感器是否正常工作。

三、关键程序分析

1. 引脚初始化

MX_GPIO_Init() 为 CubeMX 针对 PF3 ～ PF10 引脚生成的初始化函数，将 PF3 ～ PF10 引脚初始化为输入模式，程序如下。

```
void MX_GPIO_Init(void)
{

  GPIO_InitTypeDef GPIO_InitStruct = {0};

  /* GPIO Ports Clock Enable */
  __HAL_RCC_GPIOF_CLK_ENABLE();

  /*Configure GPIO pins : PFPin PFPin PFPin PFPin
                          PFPin PFPin PFPin PFPin */
  GPIO_InitStruct.Pin = BL4_Pin|BL3_Pin|BL2_Pin|BL1_Pin
                        |BR1_Pin|BR2_Pin|BR3_Pin|BR4_Pin;
  GPIO_InitStruct.Mode = GPIO_MODE_INPUT;
  GPIO_InitStruct.Pull = GPIO_NOPULL;
  HAL_GPIO_Init(GPIOF, &GPIO_InitStruct);
}
```

其中，BL4_Pin、BL3_Pin、BL2_Pin、BL1_Pin、BR1_Pin、BR2_Pin、BR3_Pin、BR4_Pin 为在 CubeMX 中的宏定义，可详见 main.h 文件，关键程序如下。

```
/* Private defines ------------------------------------------------------------*/
#define BL4_Pin GPIO_PIN_3
#define BL4_GPIO_Port GPIOF
#define BL3_Pin GPIO_PIN_4
#define BL3_GPIO_Port GPIOF
#define BL2_Pin GPIO_PIN_5
#define BL2_GPIO_Port GPIOF
#define BL1_Pin GPIO_PIN_6
#define BL1_GPIO_Port GPIOF
#define BR1_Pin GPIO_PIN_7
#define BR1_GPIO_Port GPIOF
#define BR2_Pin GPIO_PIN_8
#define BR2_GPIO_Port GPIOF
#define BR3_Pin GPIO_PIN_9
#define BR3_GPIO_Port GPIOF
```

```
#define BR4_Pin GPIO_PIN_10
#define BR4_GPIO_Port GPIOF
/* USER CODE BEGIN Private defines */
```

2. 读灰度传感器并显示

主函数中每隔 1s 读取一次灰度传感器的状态，并通过 LCD_ShowNum() 函数显示在显示屏上，程序如下。

灰度传感器的
应用程序介绍

```
while (1)
  {
    /* USER CODE END WHILE */
    /* USER CODE BEGIN 3 */
        BL4 = HAL_GPIO_ReadPin(BL4_GPIO_Port, BL4_Pin);
        BL3 = HAL_GPIO_ReadPin(BL3_GPIO_Port, BL3_Pin);
        BL2 = HAL_GPIO_ReadPin(BL2_GPIO_Port, BL2_Pin);
        BL1 = HAL_GPIO_ReadPin(BL1_GPIO_Port, BL1_Pin);
        BR4 = HAL_GPIO_ReadPin(BR4_GPIO_Port, BR4_Pin);
        BR3 = HAL_GPIO_ReadPin(BR3_GPIO_Port, BR3_Pin);
        BR2 = HAL_GPIO_ReadPin(BR2_GPIO_Port, BR2_Pin);
        BR1 = HAL_GPIO_ReadPin(BR1_GPIO_Port, BR1_Pin);
        LCD_Clear(WHITE);
        POINT_COLOR=RED;
        LCD_ShowString(30,40,210,24,24,"Gray Sensor");
        LCD_ShowNum(30,70,BL4,4,16);
        LCD_ShowNum(30,90,BL3,4,16);
        LCD_ShowNum(30,110,BL2,4,16);
        LCD_ShowNum(30,130,BL1,4,16);
        LCD_ShowNum(30,150,BR1,4,16);
        LCD_ShowNum(30,170,BR2,4,16);
        LCD_ShowNum(30,190,BR3,4,16);
        LCD_ShowNum(30,210,BR4,4,16);
        HAL_Delay(1000);
    }
```

▶ 任务拓展

1）将两个八路灰度传感器均接至主控板，并将每个灰度传感器的信号显示在显示屏上。
2）根据八路灰度传感器的反馈信息控制 LED 的亮灭及蜂鸣器的响灭。

任务 5.3 红外传感器的应用

▶ 任务目标

1）理解红外传感器的基本原理。
2）掌握红外传感器的编程与使用方法。
3）能完成红外传感器的安装及调试。
4）通过红外传感器的调试，培养专心、耐心的习惯。

▶ 知识储备

　　红外线（Infrared Ray）又称红外光，是介于可见光与微波之间、波长范围为 $0.78\sim1000\mu m$ 的红外波段的不可见光。可见光区是在波长380nm（紫光）至780nm（红光）之间的波段，人眼对这个波段的光线最敏感。红外线具有反射、折射、散射、干涉、吸收等性质。任何具有一定的温度（高于绝对零度）的物质都能辐射红外线。

　　红外传感器是利用红外线进行测量的传感器，具有灵敏度高、反应快等优点，常用于无接触温度测量、气体成分分析和无损探伤，在医学、军事、空间技术和环境工程等领域广泛应用。

　　根据发出方式不同，红外传感器可分为被动式和主动式两种。

　　被动式红外传感器本身不向外界发射任何能量，而是由探测元件直接探测来自移动目标的红外辐射，因此才有被动式之称。人体有恒定的体温，与周围环境温度存在差别，被动式红外传感器常以探测人体辐射为目标，其辐射敏感元件对波长为 $10\mu m$ 左右的红外辐射非常敏感。被动式红外传感器通常采用热释电元件，该元件接收到红外辐射温度发生变化时会向外释放电荷，检测处理后产生报警。为了对人体的红外辐射敏感，传感器的辐射照面上通常覆盖有特殊的滤光片，使环境的干扰受到明显的控制作用。

　　主动式红外传感器主要由红外线发射端发射出一束一定频率的红外线，遇障碍物时反射被红外接收端接收形成报警信号。发射端由电源、发光源和光学系统等组成，接收端由光学系统、光电传感器、放大器、信号处理器等部分组成。

　　目前，主动式红外传感器型号和生产厂家众多，大多采用集发射与接收于一体的光电传感器结构，发射光经过调制后发出，接收器对反射光进行解调输出，可有效避免可见光的干扰。红外传感器大多采用透镜以延长检测距离。对不同颜色的物体，主动式红外传感器能探测的最大距离不同，白色物体最远，黑色物体最近。可通过调节传感器上的电位器旋钮来满足有效检测障碍物的需要。图5-4为主动式红外传感器内部电路。

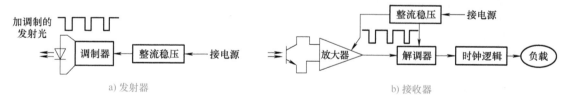

　　a) 发射器　　　　　　　　　　　　　　　　　　　　b) 接收器

图 5-4　主动式红外传感器内部电路

　　在机器人多采用主动式红外传感器来检测障碍物或测距。图5-5所示为本项目选用的红外传感器，该传感器可检测距离达80cm，采用标准三线接口，分别为 VCC、GND 及信号线。

▶ 工程实践

一、实践任务

图 5-5　红外传感器

　　将障碍物置于红外传感器前方。若障碍物处于红外传感器检测范围内，则板载 LED 亮。如果障碍物未处于红外传感器的检测范围内，则板载 LED 熄灭。

二、实践步骤

1. 硬件接线

将红外传感器的 VCC 与 GND 接入主控板的电源端口与地端，信号线接入主控板 P40 模块的 PD2 口。

2. 软件调试

打开配套工程文件，单击编译、下载，观察红外传感器是否正常工作。

三、关键程序分析

1. 引脚初始化

MX_GPIO_Init() 为 CubeMX 针对 PD2 和 PD3 引脚生成的初始化函数，将 PF3 ～ PF10 引脚初始化为输入模式，程序如下。

```c
void MX_GPIO_Init(void)
{
  GPIO_InitTypeDef GPIO_InitStruct = {0};

  /* GPIO Ports Clock Enable */
  __HAL_RCC_GPIOD_CLK_ENABLE();
  __HAL_RCC_GPIOB_CLK_ENABLE();

  /*Configure GPIO pin Output Level */
  HAL_GPIO_WritePin(GPIOB, GPIO_PIN_12, GPIO_PIN_RESET);

  /*Configure GPIO pins : PB12*/
  GPIO_InitStruct.Pin = GPIO_PIN_12;
  GPIO_InitStruct.Mode = GPIO_MODE_OUTPUT_PP;
  GPIO_InitStruct.Pull = GPIO_NOPULL;
  GPIO_InitStruct.Speed = GPIO_SPEED_FREQ_LOW;
  HAL_GPIO_Init(GPIOB, &GPIO_InitStruct);

  /*Configure GPIO pins : PDPin*/
  GPIO_InitStruct.Pin = InfraredL_Pin;
  GPIO_InitStruct.Mode = GPIO_MODE_INPUT;
  GPIO_InitStruct.Pull = GPIO_NOPULL;
  HAL_GPIO_Init(GPIOD, &GPIO_InitStruct);
}
```

其中，InfraredL_Pin 为在 CubeMX 中的宏定义，可详见 main.h 文件。

```c
#define InfraredL_Pin GPIO_PIN_2
#define InfraredL_GPIO_Port GPIOD
```

2. 主函数中障碍物检测关键字段

主函数中每隔 0.5s 读取一次红外传感器的状态，如果红

红外传感器
应用程序

外传感器返回值为 1，代表未检测到障碍物，此时 LED 熄灭，如果红外传感器返回值为 0，代表检测到障碍物，此时 LED 点亮，程序如下。

```
while (1)
  {
    /* USER CODE END WHILE */

    /* USER CODE BEGIN 3 */
    InfL = HAL_GPIO_ReadPin(InfraredL_GPIO_Port, InfraredL_Pin);
    if(InfL==1)
        HAL_GPIO_WritePin(GPIOB, GPIO_PIN_12, GPIO_PIN_SET);
    else
        HAL_GPIO_WritePin(GPIOB, GPIO_PIN_12, GPIO_PIN_RESET);
    HAL_Delay(500);
  }
```

▶ 任务拓展

1）连接两个红外传感器至主控板，在 LCD 显示屏上显示每个红外传感器的返回值。
2）调节红外传感器的检测阈值，并测试其有效性。

任务 5.4   超声波传感器的应用

▶ 任务目标

1）理解超声波传感器的基本原理。
2）掌握超声波传感器的编程与使用。
3）能完成超声波传感器的安装及调试。
4）通过超声波传感器的调试，培养专心、耐心的习惯。

▶ 知识储备

超声波传感器因指向性强、能量消耗缓慢、在介质中传播距离较远常被用于距离测量，如测距仪和物位测量仪等。超声波检测迅速便捷、计算简单且易于实时控制，在移动机器人导航和避障中应用广泛。

超声波传感器工作时，首先由超声波发射器发出超声波，遇检测目标后沿原路反射被超声波接收器接收。从发射超声波到超声波被接收的时间为渡越时间。根据渡越时间和介质中的声速即可求得检测目标与传感器的距离。超声波传感器测距实则为测量超声波的渡越时间。渡越时间有多种测量方法，有脉冲回波法、调频法、相位法、频差法等。脉冲回波法是应用较为普遍的一种，其工作原理如图 5-6 所示。接收信号也有多种检测方法，为提高测距精度，常用固定 / 可变测量阈值、自动增益控制、高速采样、波形存储、鉴相、鉴频等方法。

如图 5-7 所示，本项目选用的是一种常用的 HC-SR04 超声波传感器，该传感器可提供 3cm ～ 3.5m 的非接触式距离感测功能，由超声波发射器、接收器与控制电路组成。

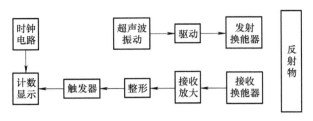

从左到右顺序为 VCC、Trig、Echo、GND

图 5-6　脉冲回波法工作原理示意图　　　　图 5-7　HC-SR04 超声波传感器

图 5-8 为 HC-SR04 超声波传感器工作时序图，其具体工作原理可描述为：正常供电情况下，给超声波模块 Trig 端一个大于 10μs 的高电平，模块会自动发射 8 个 40kHz 的超声波脉冲。当超声波被接收模块接收时，Echo 电平变高，高电平持续的时间为超声波从发送到返回的时间，通过时间差可计算测量距离。距离计算公式为高电平时间 × 声速（340m/s）/2。如果高电平时间的单位设定为 μs，输出的计算距离单位设定为 cm 或 inch，则距离可以直接采用 μs/58（cm）或 μs/148（inch）。此外，为防止发射信号对回响信号产生影响，建议测量周期大于 60ms。

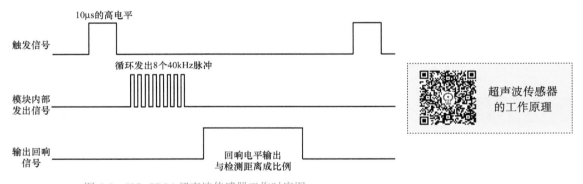

图 5-8　HC-SR04 超声波传感器工作时序图

▶ 工程实践

一、实践任务

将超声波传感器测量出的距离显示在 LCD 显示屏上。如果距离大于某个预设阈值，板载 LED 点亮，反之板载 LED 熄灭。

二、实践步骤

1. 硬件接线

将超声波传感器的 VCC、GND、Echo、Trig 4 个引脚分别接到主控板上 P44 的 5V、GND、PE1、PE0 引脚。

2. 软件调试

打开配套工程文件，单击编译、下载，观察超声波传感器是否正常工作。

三、关键程序分析

1. 引脚初始化

首先应在 gpio.c 中的 MX_GPIO_Init() 函数中，对超声波传感器与主控器相连的 PE0 和 PE1 引脚进行初始化，其中，PE0 应采用推挽输出的模式，PE1 应采用输入模式，程序如下。LED0 的驱动口 PB12 的初始化程序与红外传感器实践时相同，不再赘述。

```
/*Configure GPIO pin : PtPin */
GPIO_InitStruct.Pin = Trig_Pin;
GPIO_InitStruct.Mode = GPIO_MODE_OUTPUT_PP;
GPIO_InitStruct.Pull = GPIO_NOPULL;
GPIO_InitStruct.Speed = GPIO_SPEED_FREQ_LOW;
HAL_GPIO_Init(Trig_GPIO_Port, &GPIO_InitStruct);

/*Configure GPIO pin : PtPin */
GPIO_InitStruct.Pin = Echo_Pin;
GPIO_InitStruct.Mode = GPIO_MODE_INPUT;
GPIO_InitStruct.Pull = GPIO_NOPULL;
HAL_GPIO_Init(Echo_GPIO_Port, &GPIO_InitStruct);
```

上述程序中的 Trig_Pin 和 Echo_Pin 为在 CubeMX 中的宏定义，可详见 main.h 文件。

```
#define Trig_Pin GPIO_PIN_0
#define Trig_GPIO_Port GPIOE
#define Echo_Pin GPIO_PIN_1
#define Echo_GPIO_Port GPIOE
```

get_distance()
函数

2. 传感器数据采集

根据图 5-8 所示的工作时序完成传感器数据采集。首先让 Trig 引脚（即 PE0 引脚）置高并保持 10μs 以上高电平，延时 20μs 后，将 PE0 引脚置低，触发超声波传感器开始发出超声波。然后 Echo 引脚（即 PE1 引脚）判断是否有高电平出现，一旦检测到高电平，定时器开始计时，当再次检测到低电平时，定时器停止计时。

超声波传感器与障碍物之间的距离计算公式为测试距离（cm）=（高电平时间（s）× 声速（340m/1000s））/2，即高电平时间（μs）/58.0cm，程序如下。

```
// 获取超声波模块的检测距离
float get_distance(void)
{
    uint32_t CSB_value = 0 ;
    // 给发射引脚一个高电平
    HAL_GPIO_WritePin(Trig_GPIO_Port, Trig_Pin, GPIO_PIN_SET);
    // 延时 10μs 以上
    TIM2_Delay_us(20);
    // 给发射引脚一个低电平
```

```
HAL_GPIO_WritePin(Trig_GPIO_Port, Trig_Pin, GPIO_PIN_RESET);
// 等待接收引脚变成高电平
while( HAL_GPIO_ReadPin(Echo_GPIO_Port,Echo_Pin) == 0);
// 设置定时器初始值为 0
__HAL_TIM_SetCounter(&htim2, 0);
// 开始计时
__HAL_TIM_ENABLE(&htim2);
// 接收完全后不再为高电平, 即当接收引脚变成低电平后, 停止计时, 获取计数时间
    while( HAL_GPIO_ReadPin(Echo_GPIO_Port,Echo_Pin) == 1);
// 获取定时器的计数值, 赋值操作 a = b;
CSB_value = __HAL_TIM_GetCounter(&htim2);
// 停止计时
__HAL_TIM_DISABLE(&htim2);
// 已知高电平总时间, 即可利用公式(测试距离 =(高电平时间 × 声速(340m/1000s))/2),
// 计算超声波模块距离障碍物的单程距离
return ( CSB_value/58.0);
}
```

get_distance_avg() 函数

3. 数据处理

为提高精度, 数据处理采用多次测量取平均值法, 程序如下。

```
float get_distance_avg()
{
    int i = 0;
    float sum = 0;
    for(i=0;i<5;i++)
    {
        sum+=get_distance();
    }
    return sum/5;
}
```

4. 主函数关键字段

在主程序中, 根据定时器针对高电平的定时时间进行距离计算, 并与预设距离进行比较。当大于预设距离时 LED 点亮, 当小于预设距离时 LED 熄灭, 程序如下。

```
while (1)
{
    /* USER CODE END WHILE */

    /* USER CODE BEGIN 3 */
    distance = get_distance_avg();
    LCD_Clear(WHITE);
    POINT_COLOR=RED;
    LCD_ShowString(30,40,210,24,24,"Distance");
    LCD_ShowNum(30,70,distance,4,16);
    if(distance > 300)
        HAL_GPIO_WritePin(GPIOB, GPIO_PIN_12, GPIO_PIN_RESET);
```

```
        else
            HAL_GPIO_WritePin(GPIOB, GPIO_PIN_12, GPIO_PIN_SET);
        HAL_Delay(100);
    }
```

▶ 任务拓展

1）将超声波传感器接至主控板，将超声波传感器的返回值显示在 LCD 显示屏上，如检测到的距离小于 300mm，则令蜂鸣器发出响声。

2）是否有其他的方法实现超声波传感器的功能？如果有，请完成程序编写。

任务 5.5　摄像头的应用

▶ 任务目标

1）理解摄像头的基本原理。

2）掌握摄像头的编程与使用。

3）能完成摄像头的安装及调试。

4）通过摄像头驱动程序的编写，培养学生创新思维。

▶ 知识储备

一、OV2640 简介

摄像头作为图像传感器，被广泛应用于移动机器人中，用于采集图像信息并反馈给机器人做出判断与处理。下文以本项目选用的 OV2640 图像传感器为例，对其原理及应用做简单介绍。

OV2640 的功能框图如图 5-9 所示，共包括感光阵列（Image Array）、模拟信号处理（Analog Processing）、10 位 A/D 转换（10–bit A/D）、数字信号处理器（DSP）、输出格式（Output Formatter）、压缩引擎（Compression Engine）、微处理器（Microcontroller）、SCCB接口（SCCB Interface）、数字视频接口（Digital Video Port）等功能模块。

OV2640 以整帧、子采样、缩放和取窗口等方式，通过 SCCB 总线控制可输出多种分辨率的 8/10 位影像数据，UXGA 图像最高达到 15 帧 /s（SVGA 可达 30 帧 /s，CIF 可达 60/s）。所有图像处理功能包括伽马曲线、白平衡、对比度、色度等均可通过 SCCB 接口编程。通过减少或消除光学或电子缺陷（如固定图案噪声、拖尾、浮散等），可获得高质量的清晰且稳定的彩色图像。

OV2640 具有以下特点：

1）高灵敏度、低电压适合嵌入式应用。

2）标准的 SCCB 接口，兼容 IIC 接口。

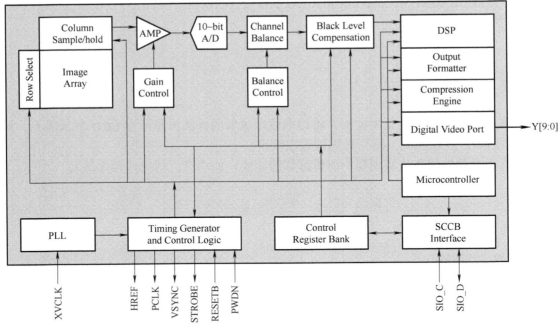

图 5-9　OV2640 功能框图

3）支持 RawRGB、RGB（RGB565/RGB555）、GRB422、YUV（422/420）和 YCbCr（422）输出格式。

4）支持 UXGA、SXGA、SVGA 以及从 SXGA 按比例缩小到 $40 \times 30px$ 的任何尺寸。

5）支持自动曝光控制、自动增益控制、自动白平衡、自动消除灯光条纹、自动黑电平校准等自动控制功能。同时支持色饱和度、色相、伽马、锐度等设置。

6）支持闪光灯。

7）支持图像缩放、平移和窗口设置。

8）支持图像压缩，即可输出 JPEG 图像数据。

9）自带嵌入式微处理器。

二、OV2640 常用设置

OV2640 的正常使用需基于传感器窗口、图像尺寸、图像窗口和图像输出大小的正确设置。其中，传感器窗口设置是直接针对传感器阵列的设置，其他几个设置是针对 DSP 的设置，如图 5-10 所示。

1. 传感器窗口设置

在传感器区域（$1632 \times 1220px$）设置所需窗口，也可称为在传感器里开窗。开窗范围可从 $2 \times 2px$ 至 $1632 \times 1220px$。该窗口不小于图像尺寸设置中的图像尺寸。传感器窗口设置通过 0X03/0X19/0X1A/0X07/0X17/0X18 等寄存器完成。

2. 图像尺寸设置

DSP 输出到显示终端的图像最大尺寸，该尺寸小于或等于传感器窗口设置所设定的窗口尺寸。图像尺寸通过 0XC0/0XC1/0X8C 等寄存器设置。

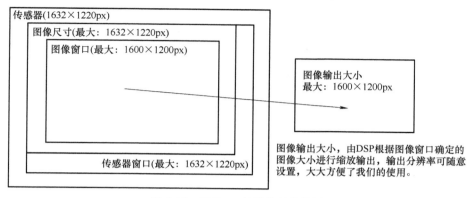

图 5-10　OV2640 的图像相关设置

3. 图像窗口设置

在图像尺寸设置基础上设置图像窗口大小，该窗口必须小于或等于设置的图像最大尺寸。该窗口设置后的图像范围用于输出到外部终端。图像窗口设置通过 0X51/0X52/0X53/0X54/0X55/0X57 等寄存器设置。

4. 图像输出大小设置

最终输出到外部终端的图像尺寸。该设置将图像窗口设置中的窗口大小，通过内部 DSP 处理缩放成输出到外部终端的图像大小。若设置的图像输出大小不等于图像窗口设置图像大小，则图像会被缩放处理；若两者设置相同时，则按原尺寸显示图像。

三、OV2640 的图像数据输出

介绍 OV2640 的图像数据输出前，先了解几个相关短语。

1）UXGA（1600×1200px）：图像的一种输出格式（分辨率）。图像的输出格式还包括 SXGA（1280×1024 px）、WXGA+、XVGA、WXGA、XGA、SVGA（800×600 px）、VGA（640×480 px）、CIF、WQVGA、QCIF、QQVGA 等。

2）PCLK：像素时钟。一个 PCLK 时钟输出一个像素（或半个像素）。

3）VSYNC：帧同步信号。

4）HREF /HSYNC：行同步信号。

5）Y[9：0]：输出时序。

OV2640 的图像数据输出是在 PCLK、VSYNC 和 HREF/ HSYNC 的控制下进行的。图 5-11 所示为 OV2640 行输出时序。图像数据在 HREF 为高电平时输出。当 HREF 变高电平后，每经过一个 PCLK 时钟，输出一个 8 位 /10 位数据。因采用 8 位接口，所以每个 PCLK 输出 1 字节。在 RGB/YUV 格式下，$t_p = 2T_{pclk}$，Raw 格式下，则 $t_p = T_{pclk}$。以采用 UXGA 时序、RGB565 格式输出为例，每 2 字节组成 1 像素的颜色（高低字节顺序可通过 0XDA 寄存器设置），则每行输出共有 1600×2 个 PCLK 周期，共输出 1600×2 字节。

OV2640 帧时序（UXGA 模式）如图 5-12 所示，按照该时序读取 OV2640 的数据则可以得到图像数据。

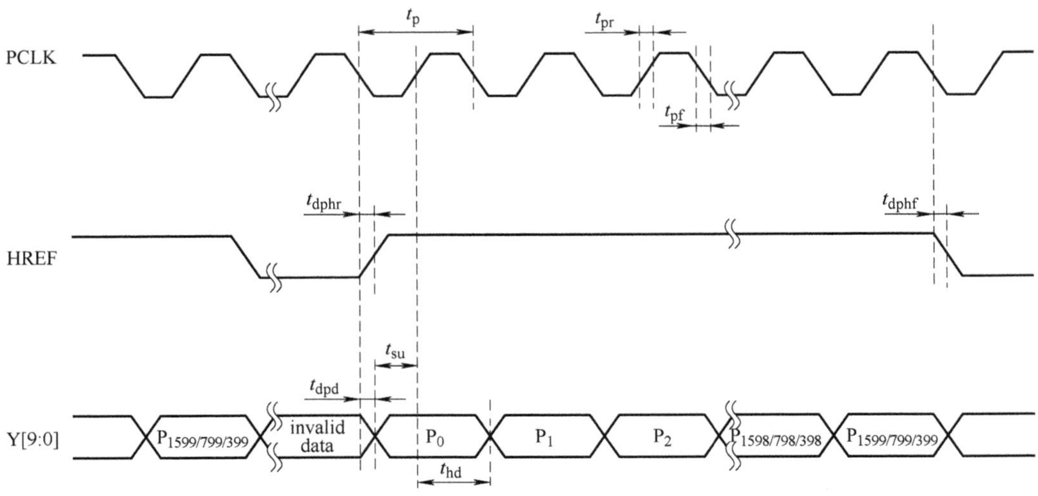

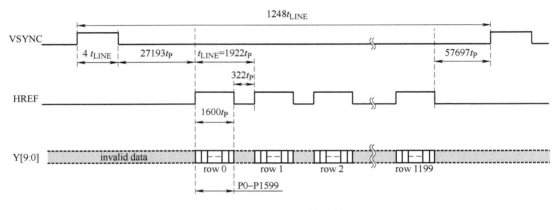

图 5-11　OV2640 行输出时序

图 5-12　OV2640 帧时序

　　OV2640 的图像数据格式一般用两种输出方式：RGB565 和 JPEG。当输出 RGB565 格式数据时，时序和图 5-11 及图 5-12 所示一致。当输出数据是 JPEG 格式时，数据读取方法和图示一致，但 PCLK 数目减少且不连续，输出数据是压缩后的 JPEG 数据，以 0XFF，0XD8 开头，以 0XFF，0XD9 结尾。虽然在 0XFF、0XD8 之前，或者 0XFF，0XD9 之后会有不定数量的其他数据存在（一般是 0），但这些数据可直接忽略。将得到的 0XFF、0XD8 ～ 0XFF，0XD9 之间的数据，以 .jpg/.jpeg 文件保存，可直接在计算机上以图像打开。OV2640 自带的 JPEG 输出模式较大程度减少了图像的数据量，在网络摄像头、无线视频传输等方面具有一定优势。

▶ **工程实践**

一、实践任务

　　在上位机摄像头显示软件中显示出摄像头所拍摄内容。

二、实践步骤

1. 硬件接线

将 OV2640 摄像头接至主控板摄像头专用模块 P8 接口。

2. 软件调试

打开配套工程文件，单击编译、下载，观察摄像头是否正常工作。

三、关键程序分析

1. 初始化 I/O 口及寄存器序列

在 OV2640_Init() 函数中完成 OV2640 相关 I/O 口（包括 SCCB_Init）及 OV2640 寄存器序列的初始化。OV2640 的寄存器较多，其参考配置序列由厂家提供。此处，以 2 维数组 ov2640_uxga_init_reg_tbl[][] 存储初始化序列寄存器及其对应的值，该数组存放在 ov2640cfg.h 文件中，程序如下。

```
u8 OV2640_Init(void)
{
    u16 i=0;
    u16 reg;
    // 设置 I/O
    GPIO_InitTypeDef GPIO_Initure;
    __HAL_RCC_GPIOG_CLK_ENABLE();                          // 开启 GPIOG 时钟
    GPIO_Initure.Pin=GPIO_PIN_9|GPIO_PIN_15;//PG9,15
    GPIO_Initure.Mode=GPIO_MODE_OUTPUT_PP;                 // 推挽输出
    GPIO_Initure.Pull=GPIO_PULLUP;                         // 上拉
    GPIO_Initure.Speed=GPIO_SPEED_HIGH;                    // 高速
    HAL_GPIO_Init(GPIOG,&GPIO_Initure);                   // 初始化
    OV2640_PWDN=0;                                         //POWER ON
    delay_ms(10);
    OV2640_RST=0;                                          // 复位 OV2640
    delay_ms(10);
    OV2640_RST=1;                                          // 结束复位
    SCCB_Init();                                           // 初始化 SCCB 的 I/O 口
    SCCB_WR_Reg(OV2640_DSP_RA_DLMT, 0x01);                // 操作 sensor 寄存器
    SCCB_WR_Reg(OV2640_SENSOR_COM7, 0x80);                // 软复位 OV2640
    delay_ms(50);
    reg=SCCB_RD_Reg(OV2640_SENSOR_MIDH);                  // 读取厂家 ID 高 8 位
    reg<<=8;
    reg|=SCCB_RD_Reg(OV2640_SENSOR_MIDL);                 // 读取厂家 ID 低 8 位
    if(reg!=OV2640_MID)
    {
        printf("MID:%d\r\n",reg);
        return 1;
    }
    reg=SCCB_RD_Reg(OV2640_SENSOR_PIDH);                  // 读取厂家 ID 高 8 位
    reg<<=8;
```

```
    reg|=SCCB_RD_Reg(OV2640_SENSOR_PIDL);                        // 读取厂家 ID 低 8 位
    if(reg!=OV2640_PID)
    {
        printf("HID:%d\r\n",reg);
        //return 2;
    }
    // 初始化 OV2640, 采用 SXGA 分辨率 (1600 × 1200px)
    for(i=0;i<sizeof(ov2640_uxga_init_reg_tbl)/2;i++)
    {
    SCCB_WR_Reg(ov2640_uxga_init_reg_tbl[i][0],ov2640_uxga_init_reg_tbl[i][1]);
    }
    return 0x00;                                                 //ok
}
```

2. 设置传感器输出窗口

OV2640_Window_Set() 函数用于设置传感器输出窗口，程序如下。

```
void OV2640_Window_Set(u16 sx,u16 sy,u16 width,u16 height)
{
    u16 endx;
    u16 endy;
    u8 temp;
    endx=sx+width/2;         //V × 2
    endy=sy+height/2;

    SCCB_WR_Reg(0XFF,0X01);
    temp=SCCB_RD_Reg(0X03);                     // 读取 Vref 之前的值
    temp&=0XF0;
    temp|=((endy&0X03)<<2)|(sy&0X03);
    SCCB_WR_Reg(0X03,temp);                     // 设置 Vref 的 start 和 end 的最低 2 位
    SCCB_WR_Reg(0X19,sy>>2);                    // 设置 Vref 的 start 的高 8 位
    SCCB_WR_Reg(0X1A,endy>>2);                  // 设置 Vref 的 end 的高 8 位

    temp=SCCB_RD_Reg(0X32);                     // 读取 Href 之前的值
    temp&=0XC0;
    temp|=((endx&0X07)<<3)|(sx&0X07);
    SCCB_WR_Reg(0X32,temp);                     // 设置 Href 的 start 和 end 的最低 3 位
    SCCB_WR_Reg(0X17,sx>>3);                    // 设置 Href 的 start 的高 8 位
    SCCB_WR_Reg(0X18,endx>>3);                  // 设置 Href 的 end 的高 8 位
}
```

3. 设置图像尺寸

OV2640_ImageSize_Set() 函数用于设置图像尺寸，程序如下。

```
u8 OV2640_ImageSize_Set(u16 width,u16 height)
{
    u8 temp;
    SCCB_WR_Reg(0XFF,0X00);
```

```
    SCCB_WR_Reg(0XE0,0X04);
    SCCB_WR_Reg(0XC0,(width)>>3&0XFF);          // 设置 HSIZE 的 10:3 位
    SCCB_WR_Reg(0XC1,(height)>>3&0XFF);         // 设置 VSIZE 的 10:3 位
    temp=(width&0X07)<<3;
    temp|=height&0X07;
    temp|=(width>>4)&0X80;
    SCCB_WR_Reg(0X8C,temp);
    SCCB_WR_Reg(0XE0,0X00);
    return 0;
}
```

4. 设置图像窗口大小函数

OV2640_ImageWin_Set() 函数用于设置图像窗口大小，程序如下。

```
u8 OV2640_ImageWin_Set(u16 offx,u16 offy,u16 width,u16 height)
{
    u16 hsize;
    u16 vsize;
    u8 temp;
    if(width%4)return 1;
    if(height%4)return 2;
    hsize=width/4;
    vsize=height/4;
    SCCB_WR_Reg(0XFF,0X00);
    SCCB_WR_Reg(0XE0,0X04);
    SCCB_WR_Reg(0X51,hsize&0XFF);          // 设置 H_SIZE 的低 8 位
    SCCB_WR_Reg(0X52,vsize&0XFF);          // 设置 V_SIZE 的低 8 位
    SCCB_WR_Reg(0X53,offx&0XFF);           // 设置 offx 的低 8 位
    SCCB_WR_Reg(0X54,offy&0XFF);           // 设置 offy 的低 8 位
    temp=(vsize>>1)&0X80;
    temp|=(offy>>4)&0X70;
    temp|=(hsize>>5)&0X08;
    temp|=(offx>>8)&0X07;
    SCCB_WR_Reg(0X55,temp);                // 设置 H_SIZE/V_SIZE/OFFX,OFFY 的高位
    SCCB_WR_Reg(0X57,(hsize>>2)&0X80);     // 设置 H_SIZE/V_SIZE/OFFX,OFFY 的高位
    SCCB_WR_Reg(0XE0,0X00);
    return 0;
}
```

5. 设置图像输出大小

OV2640_OutSize_Set() 函数用于设置图像输出大小，程序如下。

```
u8 OV2640_OutSize_Set(u16 width,u16 height)
{
    u16 outh;
    u16 outw;
    u8 temp;
    if(width%4)return 1;
```

```
        if(height%4)return 2;
        outw=width/4;
        outh=height/4;
        SCCB_WR_Reg(0XFF,0X00);
        SCCB_WR_Reg(0XE0,0X04);
        SCCB_WR_Reg(0X5A,outw&0XFF);          // 设置 OUTW 的低 8 位
        SCCB_WR_Reg(0X5B,outh&0XFF);          // 设置 OUTH 的低 8 位
        temp=(outw>>8)&0X03;
        temp|=(outh>>6)&0X04;
        SCCB_WR_Reg(0X5C,temp);               // 设置 OUTH/OUTW 的高位
        SCCB_WR_Reg(0XE0,0X00);
        return 0;
    }
```

6. DCMI 接口初始化、开启及停止函数

OV2640 通过 DCMI 接口连至主控板，DCMI_Init() 函数用于初始化 STM32F407ZET6 的 DCMI 接口，DCMI_Start() 用于开启 DCMI 接口，DCMI_Stop() 用于停止 DCMI 接口，程序如下。

```
    void DCMI_Init(void)
    {
        DCMI_Handler.Instance=DCMI;
        DCMI_Handler.Init.SynchroMode=DCMI_SYNCHRO_HARDWARE;   // 硬件同步 HSYNC,VSYNC
        DCMI_Handler.Init.PCKPolarity=DCMI_PCKPOLARITY_RISING;      //PCLK 上升沿有效
        DCMI_Handler.Init.VSPolarity=DCMI_VSPOLARITY_LOW; //VSYNC 低电平有效
        DCMI_Handler.Init.HSPolarity=DCMI_HSPOLARITY_LOW; //HSYNC 低电平有效
        DCMI_Handler.Init.CaptureRate=DCMI_CR_ALL_FRAME;             // 全帧捕获
        DCMI_Handler.Init.ExtendedDataMode=DCMI_EXTEND_DATA_8B;   //8 位数据格式
        HAL_DCMI_Init(&DCMI_Handler); // 初始化 DCMI

        // 关闭所有中断，函数 HAL_DCMI_Init() 会默认打开很多中断，开启这些中断
        // 以后就需要对这些中断做相应的处理，否则的话就会导致各种各样的问题，
        // 但是这些中断很多都不需要，所以这里将其全部关闭掉，也就是将 IER 寄存器清零。
        // 关闭完所有中断以后再根据自己的实际需求来使能相应的中断
        DCMI->IER=0x0;

    __HAL_DCMI_ENABLE_IT(&DCMI_Handler,DCMI_IT_FRAME); // 开启帧中断
    __HAL_DCMI_ENABLE(&DCMI_Handler);   // 使能 DCMI
    }
    //DCMI 启动传输
    void DCMI_Start(void)
    {
        LCD_SetCursor(0,0);
        LCD_WriteRAM_Prepare();                      // 开始写入 GRAM
        __HAL_DMA_ENABLE(&DMADMCI_Handler);          // 使能 DMA
        DCMI->CR|=DCMI_CR_CAPTURE;                   //DCMI 捕获使能
    }
    //DCMI 关闭传输
```

```
void DCMI_Stop(void)
{
    DCMI->CR&= ~ (DCMI_CR_CAPTURE);              // 关闭捕获
    while(DCMI->CR&0X01); // 等待传输结束
    __HAL_DMA_DISABLE(&DMADMCI_Handler);         // 关闭 DMA
}
```

通过上述基本函数的组合可以实现摄像头拍摄内容向主控板传输。主函数程序可打开工程查阅，此处不做详述。

▶ 任务拓展

1）利用 LCD 显示 OV2640 拍摄到的图片。
2）针对拍摄到的图片进行二值化等常用图像处理。

任务 5.6　自动控制系统的设计与实现

▶ 任务目标

1）了解自动控制系统的基本概念。
2）理解自动控制系统的设计方法。
3）能完成自动控制系统的设计。
4）能完成机器人自动控制系统的驱动调试。
5）通过自动控制系统的设计及驱动调试，培养团队合作意识。

▶ 知识储备

一、自动控制概念及结构

机器人控制系统是指使机器人完成各种任务和动作所执行的各种控制手段。其作用是根据用户的指令对机构本体进行操作和控制，从而完成作业的各种动作。

如图 5-13 所示，机器人的控制系统可看成由输入 / 输出（I/O）设备，计算机软件、硬件系统，驱动器，传感器等构成。控制硬件包括控制器、执行器和伺服驱动器；控制软件包括各种控制算法。

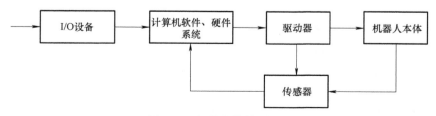

图 5-13　机器人控制系统图

作为机器人的神经中枢，控制系统的性能在很大程度上决定了机器人的性能。一个良好的控制系统需要有灵活、方便的操作方式，多种形式的运动控制方式及安全可靠的工作状态。

控制系统设计不仅要为机器人末端执行器完成高精度、高效率的作业实行实时监控，通过所配备的控制系统软、硬件，将执行器的坐标数据及时转换成驱动执行器的控制数据，使之具有智能化、自适应系统变化能力，还要采取有多个控制通路或多种形式控制方式的策略。控制系统通常具备自动、半自动和手工控制等控制方式，以应对各种突发情况，通过人机交互选择后，仍能完成定位、运移、变位、夹持、送进、退出与检测等各种施工作业的复杂动作，使机器人始终能按照人们所期望的目标保持正常运行和作业。

为解决机器人的高度非线性及强耦合系统的控制，控制系统设计常需要运用最优控制、解耦、自适应控制、变结构滑模控制及神经元网络控制等现代控制理论。另外，控制系统设计可从散热、防尘、防潮、抗干扰、抗振动和抗冲击等方面综合考虑，以满足在设定的作业环境下可靠工作。

二、自动控制方法

早期机器人采用顺序控制方式。随着计算机的发展，机器人采用计算机系统来综合实现机电装置的功能，并采用示教再现的控制方式。随着信息技术和控制技术的发展，以及机器人应用范围的扩大，机器人控制技术正朝着智能化的方向发展，出现了离线编程、任务级语言、多传感器信息融合、智能行为控制等新技术。多种技术的发展将促进智能机器人的实现。伴随着机器人技术的进步，控制技术也由基本控制技术发展到现代智能控制技术。

1. 基本控制方法

对机器人机构来说，最简单的控制是分别实施各个自由度的运动（位置及速度）控制，通过对控制各个自由度运动的电动机实施 PID 控制实现。根据运动学理论将整个机器人的运动分解为各个自由度的运动进行控制。此类型机器人控制系统常由上、下位机构成。从运动控制的角度来看，上位机进行运动规划，将要执行的运动转化为各个关节的运动，按控制周期传给下位机。下位机进行运动的插补运算及对关节进行伺服，常用多轴运动控制器作为机器人的关节控制器。多轴运动控制器的各轴伺服控制相对独立，每个轴对应一个关节。

若要求机器人沿着一定的目标轨迹运动，则是轨迹控制。对于工业生产线上的机械臂，轨迹控制常采用示教再现方式。示教再现分两种：点位控制（PTP），用于点焊、更换刀具等情况；连续路径控制（CP），用于弧焊、喷漆等作业。若机器人本身能够主动决定运动，则可使用路径规划加上在线路径跟踪的方式，如移动机器人的车轮控制方法。

2. 智能控制方法

新型智能机器人具有由多种内、外传感器组成的感觉系统，不仅能感觉内部关节的运行速度、力的大小，还能通过外部传感器如视觉、触觉传感器等，对外部环境信息进行感知、提取、处理并做出适当的决策，在结构或半结构化环境中自主完成一项任务。智能机器人系统具有以下特征：

（1）模型的不确定性　模型的不确定性通常可分为两种，一是模型未知或知之甚少；二是模型的结构或参数可能在很大范围内变化。智能机器人属于后者。

（2）系统的高度非线性　对于高度的非线性控制对象，虽然有一些非线性控制方法可用，但非线性控制目前还不成熟，有些方法也较复杂。

（3）控制任务的复杂性　对于智能机器人系统，常要求系统对于复杂任务有自行规划与决策的能力，有自动躲避障碍物运动到规划目标位置的能力。

智能机器人是一个复杂的多输入、多输出非线性系统，具有时变、强耦合和非线性的动力学特征。因为建模和测量的不精确，再加上负载的变化及外部扰动的影响，所以实际上无法得到机器人精确完整的运动学模型。

现代控制理论为机器人的发展提供了一些能适应系统变化能力的智能控制方法，自适应控制即是其中一种。当机器人的动力学模型存在非线性和不确定因素，含未知的系统因素（如摩擦力）和非线性动态特性（重力、哥氏力、向心力的非线性），以及机器人在工作过程中环境和工作对象的性质与特征变化时，解决方法之一是在运行过程中不断测量受控对象的特征，根据测量的信息使控制系统按照新的特性实现闭环最优控制，即自适应控制。自适应控制分为模型参考自适应控制和自校正自适应控制，如图 5-14 和图 5-15 所示。

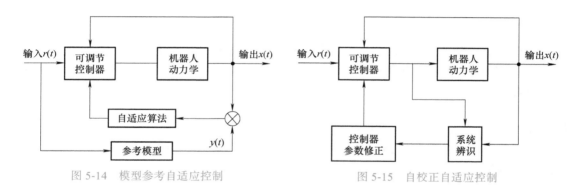

图 5-14　模型参考自适应控制　　　　　　　图 5-15　自校正自适应控制

自适应控制在受控系统参数发生变化时，通过学习、辨识和调整控制规律，可达到一定的性能指标，但实现复杂，实时性要求严格。当存在非参数不确定时，自适应难以保证系统的稳定性。

鲁棒控制是针对机器人不确定性的另一种控制策略，可以弥补自适应控制的不足，适用于不确定因素在一定范围内变化的情况，保证系统稳定和维持一定的性能指标。如果将鲁棒性与 H ∞ 控制理论相结合，所得控制器可实现对外界未知干扰的有效衰减，同时保证系统跟踪误差的渐近收敛性。

学习控制也是人工智能技术应用到机器人领域的一种智能控制方法，已提出的机器人学习控制方法包括模糊控制、神经网络控制、基于感知器的学习控制、基于小脑模型的学习控制等。

3.其他控制方法

除上述控制方法外，仿生智能控制方法通过模仿生物体的控制机理，已成为新的研究热点。目前，基于神经振子所生成和引入的节奏模式已经实现了稳定的四足机器人、双足机器人的步行控制，基于行为的控制方法已与集中式控制方法相结合，应用到足球机器人的控制系统中。

▶ **工程实践** .ₐ

一、实践任务

在指定场地中机器人全自动运行，完成物料搬运任务。

二、实践步骤

1.硬件接线

将所有模块（电动机、舵机、灰度传感器、红外传感器、超声波传感器、摄像头）均按要求接全。

2.软件调试

打开配套工程文件，单击编译、下载，观察机器人是否按要求运动。

三、控制流程分析

由于自动控制的整个工程过大，且很多内容与前面多项任务（如项目 4 的任务 4.6、4.7 和项目 5 的任务 5.2、5.3、5.4）重复，所以本任务不再单独列出程序，此处仅分析自动控制模式下的流程。

如图 5-16 所示，机器人主要利用灰度传感器按照循迹线运动，在运动的过程中不断检测红外传感器、超声波传感器和摄像头的状态。其中红外传感器用于机器人过盲道时保持与盲道两侧挡板的间距，超声波传感器用于机器人行进过程中避开前方的障碍物，摄像头用于检测物料区和卸载区，并实现抓取和投放。

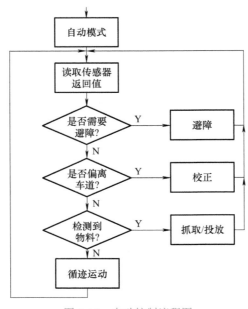

图 5-16 自动控制流程图

具体程序可前往配套的自动控制程序查阅，程序中均有注释，方便读者理解。

▶ 任务拓展

1）请将机器人进行完整组装，并烧写配套的自动控制系统程序，观察机器人是否能够完成物料搬运任务。如不能，请修改传感器的配置等进行调试，直至机器人能够完成任务。

2）请对自动控制程序进行优化，使完成任务的时间缩短。

项目 6

移动机器人高阶认知与实践

伴随着人工智能、无人驾驶、机器人等技术的蓬勃发展，智能移动机器人的身影在多处可见。智能移动机器人的核心技术包括环境感知、定位导航及人机交互。本项目基于 Ubuntu 下的 ROS 系统，以 LEO 为研究平台，以 SLAM 算法为核心，从软件安装到编程实现，由浅入深讲解 ROS 智能移动机器人的应用。

本项目通过介绍 ROS 的基本概念和发展历程、常用基本操作、系统架构，使读者进一步加深对 ROS 的理解。基于 ROS 系统的机器人平台，使读者熟悉机器人的基本组成，了解传感器等器件的应用。通过运行与实践 SLAM 相关算法，使读者了解通过相机和激光雷达对周围环境进行建图的方法以及在建好的地图中规划机器人的运动路径，帮助读者加深对智能移动机器人自主运动的理解。

任务 6.1 机器人操作系统 ROS 的安装与基本操作

▶ 任务目标

1）了解 ROS 的基本概念和发展历程。
2）掌握安装 Ubuntu 系统和 ROS 系统的方法。
3）能创建 ROS 工作空间和功能包。
4）能使用 ROS 节点和编写 launch 文件。
5）通过查阅资料，培养信息获取的能力。

▶ 知识储备

一、机器人操作系统 ROS 基本概念

ROS（Robot Operating System）全称为机器人操作系统，其实质并非是一个操作系统，而是一系列面向机器人软件的合集，可称为元操作系统，即基于操作系统以上的类操作系统。ROS 能够提供类似广义理解操作系统的诸多功能，包括硬件抽象、底层设备控制、常用函数的实现、进程间消息传递以及程序包管理等；它也提供用于获取、编译、编写和跨计算机运行程序所需的工具和库函数。ROS 可实现的功能如图 6-1 所示。

ROS 最初的设计目标仅是在机器人研发领域提高程序复用率，然而因其为机器人开发带来的巨大便利，使得越来越多的用户选择了 ROS，其开源社区中的功能包呈指数级增长。ROS 有效提高了机器人研发中的软件复用率，极好简化了跨机器人平台创建复杂、鲁棒的机器人行为这一过程的难度与复杂度，提供了构建机器人应用程序所需的构建块，无论应用程序是类项目、科学实验、研究原型，还是最终产品，ROS 均能帮助用户更快实现目标。某种程度上 ROS 已成为机器人领域的事实标准，被广泛应用于多种不同功能的机器人的研发中。

图 6-1　ROS 可实现的功能

ROS 发展历程

二、ROS 的发展历程

ROS 起源于人工智能研究大发展阶段。2000 年，斯坦福大学人工智能实验室开展了一系列相关研究项目。2007 年，机器人公司 Willow Garage 和该项目组合作并提供了大量资源，对斯坦福大学项目中的软件系统进行扩展与完善。同时，在众多研究人员的共同努力下，ROS 的核心思想和基本软件包逐渐得到完善，在合作近两年后，推出了 ROS 测试版（ROS 0.4），该版本中已具备现代 ROS 的基本雏形，此后的版本迭代开启了 ROS 的发展成熟之路。

ROS 版本代号按字母顺序编排，并随着 Ubuntu 系统更新而更新。ROS 1.0 版本发布于 2010 年，开发了一系列基于 PR2 机器人相关的基础软件包，ROS 1.0 版本从 Box Turtle 开始，到适配 Ubuntu 20.04 LTS 的最新版本 ROS Noetic Ninjemys 经历了 13 次更新。为解决 ROS 1.0 版本未能很好解决的多机器人系统的标准，Windows、Mac OS 等系统的适用性、实时性设计等问题，开发者彻底重构 ROS 1.0 并推出基于数据分发服务（Data Distribution Service，DDS）的 ROS 2.0 版本。ROS 2.0 较好解决了以上问题，具有良好的实时性、可靠性、灵活性、可拓展性等优点。

三、ROS 系统架构

ROS 系统架构主要被设计和划分为三部分，每一部分代表一个层级的概念：文件系统级（The filesystem level）、计算图级（The computation graph level）和开源社区级（The community level）。

1. ROS 文件系统级

理解 ROS 文件系统是入门 ROS 的基础，ROS 的内部结构、文件结构和所需的核心文件都在这一层。在 ROS 文件系统中，工作空间是用户开发自己程序的文件夹（也称目录），相当于一个工程或者项目，由用户自行创建。工作空间中存放各种用户自己开发的功能包程序，文件为源程序形式，用户可自由修改。图 6-2 为工作空间文件夹的组成。其中 src 目录存放程序文件，build 目录存放编译过程中生成的中间文件，devel 目录存放编译过程中生成的目标文件。

（1）ROS 功能包　功能包是 ROS 软件组织的基本形式，是构成 ROS 的基本单元，也是 catkin 编译的基本单元。一个功能包包含多个可执行文件（节点），还包含可执行文件所需的所有文件，如依赖库和配置文件等。

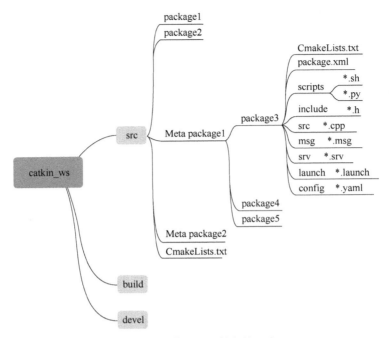

图 6-2　工作空间文件夹的组成

　　在工作空间下的 src 文件夹中，存放了各种功能包文件（其中 Meta package 代表的是多个功能包的集合，方便集中管理）。以图 6-2 的 package3 为例，该文件夹包含了多种文件，包括定义编译规则的 CmakeLists.txt、定义功能包属性的 package.xml、存放可执行脚本的 scripts、存放头文件的 include、存放源码文件的 src、存放自定义消息类型文件的 msg、存放自定义服务类型文件 srv、存放 launch 文件的 launch 以及存放功能包中所需要使用的配置文件 config。

　　若一个文件夹下有 CmakeLists.txt 和 package.xml 这两个文件，则一般可以判断该文件夹为功能包，CmakeLists.txt 和 package.xml 是 ROS 功能包的两个重要组成。

　　（2）CmakeLists.txt 文件　一个完整的 c++ 程序转换为可执行文件的过程，首先使用 Cmake 命令调用 CmakeList.txt 文件，进而生成了 ubuntu 平台的 makefile 文件，而后使用 make 命令调用 makefile 文件生成可执行文件。要了解 CmakeLists.txt 文件，首先需了解 makefile。在一个工程或项目中，可能会有很多个源文件，按照类型、功能或者模块放到不同文件夹中。makefile 定义了一个工程文件的编译规则，指定了哪些文件需要先编译，哪些文件需要后编译，哪些文件需要重新编译，甚至于进行更复杂的功能操作。通常 makefile 文件因其过于复杂常需要耗费用户较多时间与精力，而 CmakeLists.txt 文件则相对简单。在 CmakeLists.txt 确定后，直接运行 Cmake 命令，将命令指向 CmakeLists.txt 所在目录，Cmake 则会生成 makefile 文件，通过 make 命令进而编译出需要的结果，为用户带来很多便利。

　　表 6-1 为 ROS 下 CmakeLists.txt 的编译程序。

　　在实际编写 CmakeLists.txt 文件时上述代码不一定全部用到，请读者根据实际情况进行编写。具体可以访问 Cmake 官网来获取更多详细信息。

表 6-1　编译程序表

程序	含义
Cmake_minimum_required()	指定 catkin 最低版本
Project()	指定软件包的名称
Find_package()	引入外部依赖包
Add_message_files()	添加消息文件（*.msg）
Add_service_files()	添加服务文件（*.srv）
Add_action_files()	添加动作文件
Generate_messages()	生成消息、服务和动作
Add_dependencies()	确保自定义消息的头文件在使用之前已经被生成
Add_library()	添加目标库文件
Add_executable()	生成可执行文件
Target_link_libraries()	指定目标连接的库
Install()	安装目标文件

（3）package.xml 文件　package.xml 是 ROS 功能包的功能包清单描述，定义了包的属性，如名称、版本、描述、作者信息、依赖等，最重要的是声明了编译工具、编译依赖工具、编译输出依赖和运行依赖。表 6-2 为 package.xml 文件标签。

表 6-2　package.xml 文件标签

序号	标签	含义
1	<package>	根标签
2	<name>	包名
3	<version>	版本号
4	<description>	包描述
5	<maintainer>	维护者
6	<license>	软件许可证
7	<buildtool_depend>	编译构建工具，通常为 catkin
8	<depend>	指定依赖项为编译、导出、运行需要的依赖
9	<build_depend>	编译依赖项
10	<build_export_depend>	导出依赖性
11	<exec_depend>	运行依赖项
12	<test_depend>	测试用例依赖项
13	<doc_depend>	文档依赖项

其中，序号 1 ～ 6 为必备项，1 是根标签，嵌套了其余的所有标签；2 ～ 6 为功能包的各种属性。当功能包创建成功后，可以使用 ROS 文件系统工具（如 rospack、roscd 和 rosls）完成功能包有关操作。此处列出几个基本使用命令供参考。

1）rospack profile：用于通知添加的内容。

2）rospack find example1：用于查找功能包路径。

3）rospack depends example1：用于查看功能包依赖关系。

4）roscd example1：用于切换到指定功能包的路径。

5）rosls example1：用于查看功能包下的内容。

ROS 计算图级

2. ROS 计算图级

计算图级是 ROS 处理数据的一种点对点的网络形式。这一级主要包括一些重要概念：节点（Node）、节点管理器（Master）、消息（Message）、主题（Topic）、服务（Service）、参数服务器（Parameter Server）和消息记录包（Bag）。

（1）节点（Node） 作为 ROS 系统的核心，节点（Node）是主要的计算执行进程。一个功能包里可包含能够实现不同功能的多个可执行文件，可执行文件在运行之后则变成一个进程，此进程便是一个节点。节点需要使用如 roscpp 或 rospy 的 ROS 客户端库进行编写，之后能通过话题、服务等与其他节点进行通信。

在 Ubuntu 中，每打开一个节点则需要重新打开一个终端，若需要打开多个节点时则尤为烦琐。启动文件（Launch File）可以通过 xml 文件实现多节点的配置和启动，很好解决了启动多个终端与多个节点的复杂操作问题。启动文件还可以自动启动 Master 节点管理器，实现每个节点的配置，为多个节点操作提供便利。

ROS 为用户提供了处理节点的工具，其中，rosnode list 用于列出当前活动节点；rosnode info [节点名称] 用于输出当前节点信息；rosnode kill [节点名称] 用于结束当前运行节点进程或发送给定信号；rosnode machine [PC 名或 IP] 用于列出某一特定计算机上运行的节点或列出主机名称；rosnode ping [节点名称] 用于测试节点之间的连通性；rosnode cleanup 用于将无法访问的节点注册信息的清除。

（2）节点管理器（Master） 节点管理器是向节点提供连接信息，以便节点间可以互相传递信息的服务程序，用于在不同 ROS 节点之间建立连接。每个节点在启动时连接到节点管理器，注册该节点发布和订阅的消息。当一个新节点出现时，节点管理器向它提供与其他发布并订阅相同消息主题的节点建立点对点连接的必要信息。

（3）消息（Message） 消息用来实现节点之间的逻辑联系和数据交换，每个消息都是一个严格的数据结构，支持诸如整型、浮点型、布尔型等常见的数据类型。

（4）主题（Topic） 主题是 ROS 网络对消息进行路由和管理的数据总线，是一种单向异步通信机制。ROS 节点之间通过话题的发布与订阅来进行交互，每一条消息都要发布到相应的话题。同时话题的名称必须是独一无二的，否则在同名话题之间的消息路由就会发生错误。

（5）服务（Service） 服务是另一种在节点之间传递数据的方法，是双向同步通信机制。它能够让一个节点调用运行在另一个节点中的函数。这种机制不仅可发送消息，还存在反馈。

（6）参数服务器（Parameter Server） 参数服务器是可通过网络访问共享的多变量字典。它是节点存储参数的地方，用于配置参数、全局共享参数。参数服务器使用互联网传输，在节点管理器中运行，实现整个通信过程。

（7）消息记录包（Bag） 消息记录包是一种用于保存和回放 ROS 消息数据的格式，是检索传感器数据的重要机制。

3. ROS 开源社区级

ROS 开源社区级主要是指 ROS 资源的获取和分享，资源包括发行版、软件源、ROS 维基、邮件列表、Bug 提交系统、ROS 问答、博客。

（1）发行版（Distribution）　ROS 发行版可以独立安装带有版本号的一系列功能包集。

（2）软件源（Repositorie）　ROS 依赖于共享开源程序和软件源的网站或者主机服务，不同的机构可以分享各自的机器人软件和程序。

（3）ROS 维基　ROS 维基是用于记录有关 ROS 系统信息的主要论坛。

（4）邮件列表　ROS 用户邮件列表是关于 ROS 的主要交流渠道，能够交流从 ROS 软件更新到 ROS 软件使用中的各种疑问或信息。

▶ 工程实践

一、Ubuntu16.04 LTS 系统的安装

完成 Ubuntu16.04 LTS 系统的安装。

二、ROS Kinetic 的安装

完成 ROS Kinetic 的安装。

创建工作空间

三、创建工作空间

对于 ROS Groovy 以后的版本，可参考以下步骤创建工作空间。

1. 初始化工作空间

打开一个终端，运行以下命令：

```
$ mkdir –p ～/catkin_ws/src
$ cd ～/catkin_ws/src
$ catkin_init_workspace
```

2. 编译工作空间

工作空间初始化完成后，可在 src 文件夹下看到一个 CmakeLists.txt 的文件，即使工作空间是空的，依然可以直接编译。打开一个新的终端，运行以下命令：

```
$ cd ～/catkin_ws/
$ catkin_make
```

3. 设置环境变量

编译完成后，在该工作空间下可以看到有 build 和 devel 两个文件夹，devel 文件夹中有许多个 setup.*sh 文件，启动这些文件会覆盖当前环境变量。在终端中执行以下命令设置环境变量：

```
$ echo "source ～/catkin_ws/devel/setup.bash" >> ～/.bashrc
$ source ～/.bashrc
```

为确认环境变量是否设置成功，可运行以下命令来确认当前目录是否在环境变量中：

```
$ echo $ROS_PACKAGE_PATH
```

若 输 出： /home/username/catkin_ws/src ： /opt/ros/kinetic/share ： /opt/ros/kinetic/ stacks，则说明工作环境已经建立。

四、创建 ROS 功能包

创建 ROS
功能包

工作空间创建完成后，可在工作空间下创建功能包。功能包既可以手动创建，又可使用 catkin_create_pkg 命令行创建。命令行创建的具体操作步骤如下：

1. 新建功能包

在刚刚建立的工作空间中创建新的功能包：

```
$ cd ~ /catkin_ws/src
$ catkin_create_pkg example1 std_msgs roscpp
```

上述命令行包含了功能包的名称以及依赖项，其中 example1 为功能包的名称，std_msgs 为包含常见消息类型和其他基本消息的构造依赖，roscpp 用 c++ 程序来实现 ROS 的各种功能。创建规则如下：

```
$ catkin_create_pkg [package_name] [depend1] [depend2] [depend3]...
```

若所有步骤执行正确，则会得到图 6-3 所示的结果。

```
book@ros:~/catkin_ws/src$ catkin_create_pkg example1 std_msgs roscpp
Created file example1/package.xml
Created file example1/CMakeLists.txt
Created folder example1/include/example1
Created folder example1/src
Successfully created files in /home/book/catkin_ws/src/example1. Please adjust
the values in package.xml._
```

图 6-3　创建功能包结果图

2. 编译功能包

一旦创建了功能包，则可以在功能包下编写程序以实现各种功能。编译功能包时，需用到 catkin_make 工具，其命令行如下：

```
$ cd ~ /catkin_ws
$ catkin_make
```

若编译没有错误，则会得到图 6-4 所示结果。

```
-- ~~~~~~~~~~~~~~~~~~~~~~~~~~~~~~~~~~~~~~~~~~~~~
-- ~~  traversing 1 packages in topological order:
-- ~~  - example1
-- ~~~~~~~~~~~~~~~~~~~~~~~~~~~~~~~~~~~~~~~~~~~~~
-- +++ processing catkin package: 'example1'
-- ==> add_subdirectory(example1)
-- Configuring done
-- Generating done
-- Build files have been written to: /home/book/catkin_ws/build
```

图 6-4　编译功能包结果图

需要注意的是，编译功能包必须在工作空间文件夹下运行 catkin_make 命令，若在其他文件夹下则可能会生成错误的文件。

五、使用 ROS 节点

使用 ROS 节点

本书用 ROS 系统自带的 turtlesim 功能包进行节点相关

练习。

1. 安装 turtlesim 功能包

若按照本书教程安装 ROS 系统，则其中已包含 turtlesim 功能包。若没有安装成功，可用以下命令行安装 turtlesim 功能包。

```
$ sudo apt-get install ros-kinetic-turtlesim
```

2. 运行节点管理器

在使用节点之前，需先运行节点管理器，即

```
$ roscore
```

3. 启动节点

运行主节点后，需要用 rosrun 命令启动一个新的节点，打开一个新的终端，运行验证 ROS 是否安装成功的命令：

```
$ rosrun turtlesim turtlesim_node
```

如图 6-5 所示，此时会看到一个新窗口，该窗口里有一只小海龟。

4. 查看节点信息

通过 rosnode 工具来查看节点列表，会看到出现一个新的节点，叫 /turtlesim。通过 rosnode info Node 命令来查看节点的具体信息。打开一个新的终端，运行以下命令：

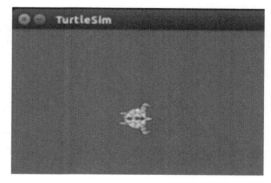

图 6-5　turtlesim_node 运行结果图

```
$ rosnode info /turtlesim
```

此时将输出图 6-6 所示的 turtlesim 节点信息，包括节点发布（Publications）、订阅（Subscriptions）和服务（Services）等相关主题及其各自的名称。

```
book@ros:~$ rosnode info /turtlesim
--------------------------------------------
Node [/turtlesim]
Publications:
 * /rosout [rosgraph_msgs/Log]
 * /turtle1/color_sensor [turtlesim/Color]
 * /turtle1/pose [turtlesim/Pose]

Subscriptions:
 * /turtle1/cmd_vel [unknown type]

Services:
 * /clear
 * /kill
 * /reset
 * /spawn
 * /turtle1/set_pen
 * /turtle1/teleport_absolute
 * /turtle1/teleport_relative
 * /turtlesim/get_loggers
 * /turtlesim/set_logger_level

contacting node http://ros:42073/ ...
Pid: 3728
Connections:
 * topic: /rosout
    * to: /rosout
    * direction: outbound
    * transport: TCPROS
```

图 6-6　turtlesim 节点信息

六、使用 Launch 启动文件

使用 Launch
启动文件

1. 创建 Launch 启动文件

在 example1 功 能 包 下 新 建 Launch 文 件 夹, 创 建
example1.launch, 命令如下:

```
$ cd ~ /catkin_ws/src/example1
$ mkdir launch
$ cd launch
$ gedit example1.launch
```

在文件中输入以下命令:

```
<?xml version="1.0"?>
<launch>
<node name ="turtlesim_node" pkg="turtlesim" type="turtlesim_node"/>
<node name ="turtle_teleop_key" pkg="turtlesim" type="turtle_teleop_key" output="screen"/>
</launch>
```

该例子包含了启动海龟节点和用键盘控制海龟节点。Launch 文件通过 XML 文件实现
了多节点的配置和启动。其中, 启动一个节点需要 3 个属性: name、pkg 和 type。name
定义节点运行的名称; pkg 定义节点所在的功能包名称; type 定义节点的可执行文件名称。
pkg 和 type 属性等同于在终端使用 rosrun 命令执行节点时的输入参数。

2. 启动 Launch 节点

从 example1 中启动 talker 节点, 命令如下:

```
$ roslaunch example1 example1.launch
```

会得到图 6-7 所示结果。可以按下键盘的箭头键控制海龟的移动, 如图 6-8 所示。

```
/home/ros/catkin_ws/src/example1/launch/example2.launch http://localhost:11311
========

PARAMETERS
 * /rosdistro: kinetic
 * /rosversion: 1.12.17

NODES
 /
    turtle_teleop_key (turtlesim/turtle_teleop_key)
    turtlesim_node (turtlesim/turtlesim_node)

auto-starting new master
process[master]: started with pid [4925]
ROS_MASTER_URI=http://localhost:11311

setting /run_id to 0ca48fe8-16fe-11ed-8ead-000c29d2ddcb
process[rosout-1]: started with pid [4938]
started core service [/rosout]
process[turtlesim_node-2]: started with pid [4945]
process[turtle_teleop_key-3]: started with pid [4947]
Reading from keyboard
---------------------------
Use arrow keys to move the turtle.
```

图 6-7　启动 launch 文件结果图

通过 rosnode list 命令查看运行的节点信息, 会得到如图 6-9 所示节点信息。

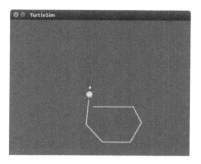

图 6-8　海龟移动

```
ros@book:~$ rosnode list
/rosout
/turtle_teleop_key
/turtlesim_node
```

图 6-9　节点信息

▶ **任务拓展**

1）完成 Ubuntu 系统的安装，思考为什么 ROS 一般安装在 Ubuntu 系统。

2）熟悉 ROS 1.0 的基本操作，查阅资料，说明 ROS 2.0 相较于 ROS 1.0 主要在哪些方面进行了升级。

3）完成 ROS 节点的创建和使用，尝试创建并使用 ROS 的消息和服务文件。

4）熟悉 ROS 的文件系统级和计算图级，同时查阅资料了解 ROS 开源社区级。

任务 6.2　基于 ROS 系统的机器人安装

▶ **任务目标**

1）了解基于 ROS 系统的机器人平台。

2）了解 LEO 机器人的硬件组成。

3）能完成 LEO 机器人系统和软件安装。

4）能完成 LEO 机器人功能包的安装。

5）通过程序的输入格式，培养规范意识。

▶ **知识储备**

一、基于 ROS 系统的机器人平台简介

基于 ROS 系统开发的机器人平台有很多，图 6-10 是深圳玩智商科技有限公司（EAI）开发的 LEO 机器人。

图 6-10　LEO 机器人

LEO 机器人是一款革命性的产品，它大小适中，可以灵活地部署在机器人教学实验室。它能方便地与多种机械臂和传感器进行集成，具有良好的可扩展性。它支持开源 ROS 机器人操作系统，本章选用 LEO 机器人作为实验平台。

二、LEO 机器人主要硬件构成

LEO机器人，在硬件方面主要由 STM32 模块、导航模块（N92 工控机）、超声波模块、激光雷达、三相直流无刷电动机（图中未画）和 DOBOT magician 越疆机械臂（图中未画）组成，硬件构架图如图 6-11 所示。

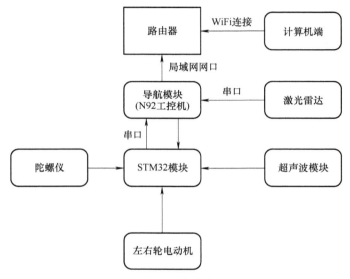

图 6-11 硬件构架图

1. STM32 模块

如图 6-12 所示的 STM32 模块是意法半导体推出的 32 位 ARM Cortex-M4 内核微控制器系列，具有高性能、低功耗、可靠性强等特点，广泛应用于工业控制、智能家居、工业自动化、智能小车等领域。其主芯片为 STM32F407ZGT6，它基于高性能 Arm®Cortex®-M4 32 位 RISC 内核，工作频率高达 168MHz。Cortex-M4 内核具有浮点单元（FPU）单精度，支持所有 Arm 单精度数据处理指令和数据类型。它还有一整套 DSP 指令和一个

图 6-12 STM32 模块

增强应用程序安全性的内存保护单元（MPU）。在 LEO 设备中，STM32 模块的主要作用是采集超声波、左右轮电动机编码器等传感器数据，并且控制电动机的转动。

2. 导航模块（N92 工控机）

如图 6-13 所示的导航模块（N92 工控机）是 LEO 机器人导航的控制模块。其具有

I5-4210Y/1.5GHz 双核处理器，Graphics 4200 核心显卡，2 个 USB2.0 接口，2 个 USB3.0 接口，1 个 HDMI 接口，1 个 VGA 接口，可提供 12V 电源使用。在 LEO 机器人中主要通过串口与 STM32 模块通信，获取超声波、编码器等数据，并转换成相应 ROS 的消息。其可以运行建图导航算法，根据传感器数据，使用 gmapping slam 算法构建地图，dijk 等算法规划全局路径，teb_local_planner 等算法规划局部路径，根据规划出的路径，控制 LEO 机器人移动。

图 6-13　N92 工控机主板

3. 超声波模块

如图 6-14 所示的 US-015 超声波模块是目前市场上分辨率较高，重复测量一致性较好的超声波测距模块，它的测量角度为 15°（圆锥形），测量距离范围为 2 ～ 400cm，测量精度为（0.1+1%）cm，供电电压为 5V，工作电流为 2.2mA，支持 GPIO 通信模式，工作稳定可靠。在 LEO 机器人中主要用于检测玻璃等透明障碍物，并临时把障碍物加入地图中，使工控机重新规划路径进行躲避。

4. 激光雷达 G1

如图 6-15 所示的激光雷达 G1 是深圳玩智商科技有限公司（EAI）研发的一款 360° 二维测距产品。本产品基于三角测距原理，并配以相关光学、电学、算法设计，实现高频、高精度的距离测量，在测距的同时，机械结构 360° 旋转，不断获取角度信息，从而实现了 360° 扫描测距，输出扫描环境的点云数据。动力方面采用工业级无刷电动机驱动，性能稳定。其特点为高速测距，测距频率可达 9000Hz，抗环境光干扰能力强，让机器人能更快速、精确地建图。

图 6-14　US-015 超声波模块

图 6-15　激光雷达 G1

5. 三相直流无刷电动机

如图 6-16 所示的三相直流无刷电动机由电动机主体和驱动器组成，是一种典型的机电一体化产品。该电动机减速比为 15，额定功率为 25W，额定电压为 24V，额定转速为 2500r/min，额定转矩为 0.096N·m，瞬时最大转矩为 0.144N·m，速度控制范围为 200 ～ 2500r/min，内置霍尔传感器（约 600 线 / 圈），即轮子转动一圈时，输出 600 个码盘数。三相直流无刷电动机目前已广泛应用于多种机器人关节中，在 LEO 机器人中三相直流无刷电动机主要作用是移动机器人，并返回左右轮电动机的编码器值，用于计算机器人行走的距离。

6. DOBOT magician 越疆机械臂

如图 6-17 所示的 DOBOT magician 越疆机械臂，体积精巧，拥有一体化的设计，PC端控制、APP 控制、手势控制、无线控制等多种操作方式随意切换，基于 Magician Lite 丰富的软硬件交互方式及多样化兼容拓展接口，具备 3D 打印、激光雕刻、写字画画等多种功能，预留 13 个拓展接口，支持二次开发。它在 LEO 机器人中主要作用是抓取和放置物体。

图 6-16　三相直流无刷电机

图 6-17　DOBOT magician 越疆机械臂

▶ 工程实践

LEO 机器人出厂时一般只有移动机器人底盘本体。机械臂属于选择配件，因此需要自行组装。本实践主要完成 LEO 机器人和机械臂的组装。

组装配件包含：LEO 本体、机械臂本体、气泵支架、二维码、摄像头 USB 线、机械臂串口线和机械臂电源线，如图 6-18 所示。

装配步骤如下：

1）将机械臂放置到 LEO 底盘上，机械臂底座侧边的卡扣朝后方，电源按钮朝前方。

2）将气泵支架挂载在机械臂底座侧边的卡扣上，气泵安装在气泵支架上。

3）机械臂末端吸盘摄像头模组装到机械臂上。

4）气泵与机械臂的接线接在上面一排的红绿口。

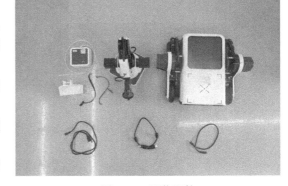

图 6-18　组装配件

5）气泵管与机械臂末端的吸盘抽气口连接。

6）机械臂的数据线接在左侧下方最下面的 USB 口。

7）摄像头的数据线接在左侧下方最上面的 USB 口。

8）摄像头线 micro 口插在机械臂末端的摄像头上。

9）机械臂电源线接在 LEO 的 12V 供电口。

10）安装完成后，要检查气泵管和摄像头线是否安装合理。手动转动机械臂旋转一周，确保机械臂不会被气泵管和摄像头线卡住。

组装示意图如图 6-19 所示。

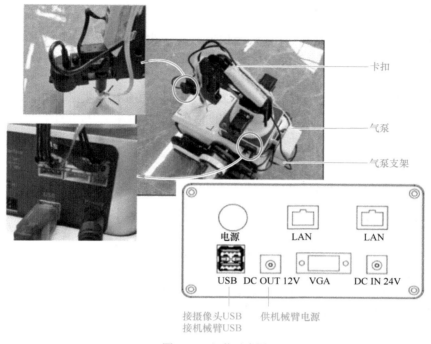

图 6-19　组装示意图

注意：红、绿两线需插在同一排。如果使用过程中发现气泵不工作，可尝试将红、绿两线换插到下面一排。

▶ 任务拓展

1）熟悉 LEO 机器人的硬件组成，查找并整理更多的 ROS 移动机器人产品，了解不同机器人的硬件差异。

2）完成 LEO 机器人底盘、机械臂和气泵的组装，并了解每个配件具体的功能。

任务 6.3　基于 ROS 系统的机器人测试

▶ 任务目标

1）掌握 ROS 的多机通信配置方法。

2）掌握 LEO 机器人的硬件测试方法。

3）能完成 LEO 机器人的各部分硬件测试。

4）通过硬件测试，培养团队合作意识。

▶ **知识储备**

用户可通过 ROS 多机通信，将主机（PC）和从机（机器人）进行通信，方便开展机器人调试工作，很好解决机器人没有显示输出模块时的不便。

ROS 网络通信是一种分布式计算机通信方式，可为运行在不同设备中的 ROS 节点间通信提供接口。若将设备连接到同一台路由器组成局域网，并为每台设备配置好 ROS 网络通信的环境变量，则可完成 ROS 网络通信设置。

ROS 网络通信是中心式结构，参与 ROS 网络通信的所有主机必须指定一台主机作为master（主节点），负责整个 ROS 网络通信的管理工作，参与 ROS 网络通信的所有主机需向外声明自己的 host 身份。每台主机均要设置 master 和 host 两个环境变量，master 和 host 的取值均为局域网内主机的真实 IP 地址。多机通信配置好后则可在主机上控制 LEO 机器人完成实验操作。

▶ **工程实践**

在用命令行或 RosStudio 操作之前要查看 EAIRosServer 是否开启。

EAIRosServer 默认是开机启动的，启动的时候会将驱动运行起来（雷达、底盘、机械臂、摄像头），此时只能进行 RosStudio 或手机 APP 操作；如果把 EAIRosServer 关闭，此时只能命令行操作。下面是开启 / 关闭 EAIRosServer 的命令：

```
PC：$ssh eaibot@192.168.31.200
LEO：$crontab –e
```

注释文件中的 "*****/home/eaibot/eai/WebServer.sh"（前面加 #），表示 EAIRosServe 关闭；将文件中的 "#*****/home/eaibot/eai/WebServer.sh" 注释删除（删除前面的 #），表示 EAIRosServe 开启。

一、配置多机通信

1. 同步时间

将主机（PC）和从机（机器人）的时间同步，若时间不同步，容易出现 TF 变换错误。分别在主机和从机上运行如下命令。

```
$ sudo apt–get install chrony ntpdate
$ sudo ntpdate ntp.ubuntu.com
```

2. 获取主机和从机的主机名

在主机和从机上运行 $ hostname 命令，则会看到如图 6-20 所示信息。

3. 获取主机和从机的 IP 地址

在主机和从机中运行 $ ifconfig 命令，图 6-21 中 inet 地址则为 IP 地址。

4. 安装 ssh

在主机和从机上安装 ssh，命令如下：

```
$ sudo apt–get install openssh–server
```

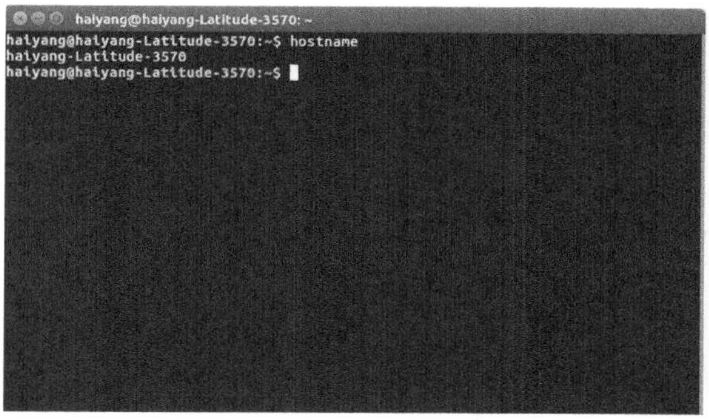

图 6-20 hostname 信息

图 6-21 终端网络信息

5. 修改主机和从机的 /etc/hosts 文件

假设主机的 IP 地址为：192.168.31.100；从机的 IP 为：192.168.31.200。

（1）主机配置 命令如下：

PC：$vim /etc/hosts

在文件末尾，添加从站的 IP 和从机名，命令如下：

PC：192.168.31.200 DashgoE1

添加完成后，输入命令：wq（保存退出）。

（2）从机配置 计算机 PC 连接好底盘 WiFi，然后远程登录到从机，并配置从机的 /etc/hosts 文件，在该文件中添加计算机的 IP 地址和主机名。

在计算机 PC 端远程登录到 LEO 机器人端，并修改文件，命令如下：

PC：$ssh eaibot@192.168.31.200
LEO：$sudo vim /etc/hosts

在文件末尾，添加主站的 IP 和从机名，命令如下：

LEO：192.168.31.100（计算机 PC 端名称）

添加完成后，输入命令：wq（保存退出）。

6. LEO 机器人通信测试

在主机和从机间建立连接，确保主机和从机在同一局域网下，在主机中打开一个窗口，运行以下命令，运行格式为：ssh 从机名 @IP_ 从机。

PC：$ ssh eaibot@192.168.31.200

输入从机密码，密码为 eaibot。连接成功后会出现如图 6-22 所示结果，终端的名称变为从机名。

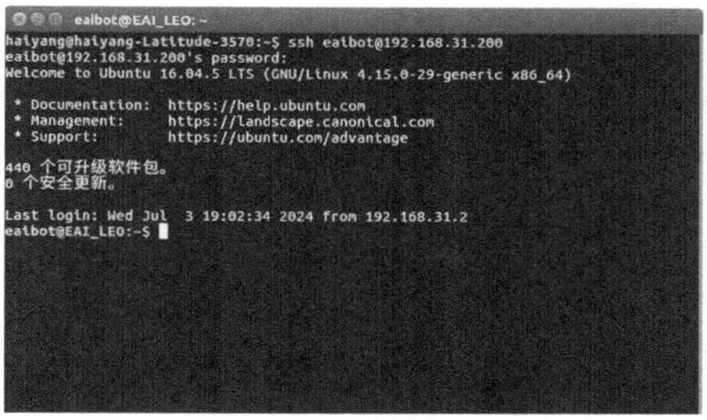

二、机器人测试

1. 激光雷达测试

具体步骤：

1）电脑连接 LEO 的 WiFi。

图 6-22 连接成功示意图

2）如果计算机是 Windows 操作系统，那么运行 xshell7 软件；如果是 Ubuntu 操作系统，那么右击桌面→打开终端。

3）在上述打开的命令行窗口中，输入以下命令：

```
PC：$ssh eaibot@192.168.31.200
LEO：$roslaunch smart_node driver_imu.launch
```

4）再打开一个终端，在命令行窗口输入以下命令：

```
PC：$ssh eaibot@192.168.31.200
LEO：$rostopic echo /scan
```

如果有数据打印，即为正常。

2. 陀螺仪测试

具体步骤：

1）计算机连接 LEO 的 WiFi。

2）如果计算机是 Windows 操作系统，那么运行 xshell7 软件；如果是 Ubuntu 操作系统，那么右击桌面→打开终端。

3）在上述打开的命令行窗口，输入以下命令：

```
PC：$ssh eaibot@192.168.31.200
LEO：$roslaunch smart_node driver_imu.launch
```

4）再打开一个终端，在命令行窗口输入以下命令：

```
PC：$ssh eaibot@192.168.31.200
LEO：$rostopic echo /imu_angle
```

5）另外再开一个窗口，在命令行窗口输入以下命令：

```
PC：$ssh eaibot@192.168.31.200
LEO：$rosrun dashgo_tools teleop_twist_keyboard.py
```

此时启动了键盘，<I> 键表示前进，<J> 键表示左转，<L> 键表示右转，<，> 键表示后退。

此时按上述按键控制机器转动，观察上面的 /imu_angle 数据是否变化。有变化，且和实际转动的角度符合，则陀螺仪正常。

3. 超声波测试

超声波参数文件路径为 dashgo_ws/src/dashgo/smart_node/config/smart_parms_imu.yaml。

useSonar 为超声波功能开关，True 表示打开，False 表示关闭。测试超声波前，需要确保这个参数是 True。修改命令如下：

```
PC：$ssh eaibot@192.168.31.200
LEO：$cd /dashgo_ws//src/dashgo/smart_node/config
LEO：$vim smart_parms_imu.yaml
```

在终端输入"i"，把"useSonar：False"改为"useSonar：Ture"。修改完成后，按键盘 <Esc> 键，并在终端输入"：wq"保存并退出文档，即完成修改。超声波测试主要

是观察 /sonar0 和 /sonar1 话题，具体步骤如下：

1）计算机连接 LEO 的 WiFi。

2）如果计算机是 Windows 操作系统，那么运行 xshell7 软件；如果计算机是 Ubuntu 操作系统，那么右击桌面→打开终端。

3）在上述打开的命令行窗口，输入以下命令：

```
PC：$ssh eaibot@192.168.31.200
LEO：$roslaunch smart_node driver_imu.launch
```

4）再打开一个终端，在命令行窗口输入以下命令：

```
PC：$ssh eaibot@192.168.31.200
LEO：$rostopic echo /sonar0 或 rostopic echo /sonar1
```

在机器人的前方两个超声波处用挡板等物体由近到远移动，观察上述超声波数据，有变化，且测量距离和实际基本符合即为正常。

4. 摄像头测试

测试摄像头首先观察摄像头在 LEO 机器人上面的摄像头话题 /usb_cam/image_raw 是否有数据，具体步骤如下：

1）计算机连接 LEO 的 WiFi。

2）如果计算机是 Windows 操作系统，那么运行 xshell7 软件；如果计算机是 Ubuntu 操作系统，那么右击桌面→打开终端。

3）在上述打开的命令行窗口，输入以下命令：

```
PC：$ssh eaibot@192.168.31.200
LEO：$roslaunch probot_vision usb_cam_in_hand.launch
```

4）再打开一个终端，在命令行窗口输入以下命令：

```
PC：$ssh eaibot@192.168.31.200
LEO：$rostopic echo /usb_cam/image_raw
```

有数据打印，证明摄像头有数据。然后看摄像头的成像是否正常，将摄像头的 USB 插头插在自己的计算机（Windows）上，打开系统自带的相机，切换相机，就可看到摄像头的成像，无明显异常（拖影、断层、白斑等）即为正常。

5. LEO 机器人底盘测试

（1）直线测试　通过命令行测试底盘按照直线行走 1m。具体步骤如下：

1）远程进入 LEO 机器人，启动底盘驱动，命令如下：

```
PC：$ ssh eaibot@192.168.31.200
LEO：$ roslaunch smart_node driver_imu.launch
```

2）远程进入 LEO 机器人，打开新的终端，启动移动脚本，命令如下：

```
PC：$ ssh eaibot@192.168.31.200
LEO：$ rosrun dashgo_tools check_linear_imu.py
```

3）测试完后，按 <Ctrl+C> 键结束两个终端的程序。

（2）旋转测试　通过命令行测试底盘旋转 360°，具体步骤如下：

1）远程进入 LEO 机器人，启动底盘驱动，命令如下：

```
PC：$ ssh eaibot@192.168.31.200
LEO：$ roslaunch smart_node driver_imu.launch
```

2）远程进入 LEO 机器人另一个终端，启动移动脚本，命令如下：

```
PC：$ ssh eaibot@192.168.31.200
LEO：$ rosrun dashgo_tools check_angular_imu.py
```

3）测试完后，按 <Ctrl+C> 键结束两个终端的程序。

（3）键盘控制测试

通过键盘控制机器人，具体步骤如下：

1）远程进入 LEO 机器人，启动底盘驱动，命令如下：

```
PC：$ ssh eaibot@192.168.31.200
LEO：$ roslaunch smart_node driver_imu.launch
```

2）远程进入 LEO 机器人另一个终端，启动键盘节点脚本，并控制底盘移动，命令如下：

```
PC：$ ssh eaibot@192.168.31.200
LEO：$ rosrun teleop_twist_keyboard teleop_twist_keyboard.py
```

图 6-23 为键盘控制示意图，其中：<u> 键是向左前方前进，<i> 键是直线前进，<o> 键是向右前方前进，<m> 键是向左后方后退，<,> 键是后退，<.> 键是向右后方后退，<j> 键是逆时针旋转，<l> 键是顺时针旋转，<k> 键是停止，<q> 键是增加速度，<z> 键是减小速度。

3）测试完后，按 <Ctrl+C> 键结束两个终端的程序。

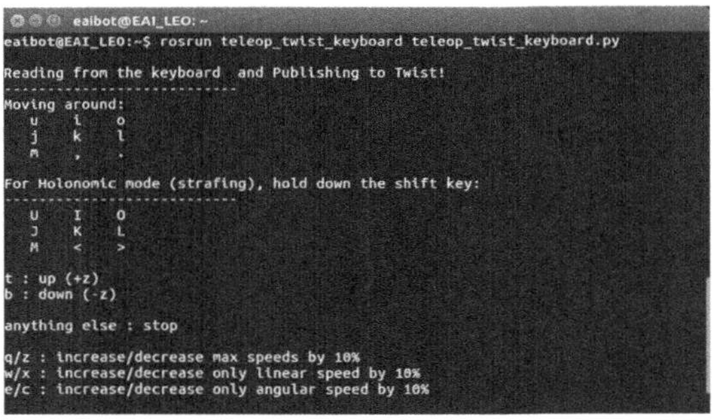

图 6-23　键盘控制示意图

6. 机械臂测试

通常只需要测试机械臂是否能够正常归零即可。具体步骤如下：

1）计算机连接 LEO 的 WiFi。

2）如果计算机是 Windows 操作系统，那么运行 xshell7 软件；如果计算机是 Ubuntu 操作系统，那么右击桌面→打开终端。

3）在上述打开的命令行窗口，输入以下命令：

```
PC：$ssh eaibot@192.168.31.200
LEO：$roslaunch dobot DobotServer.launch
```

4）再打开一个终端，在命令行窗口输入以下命令：

```
PC：$ssh eaibot@192.168.31.200
LEO：$rosservice call /DobotServer/SetHOMECmd "{}"
```

　　注意：执行上面一行的命令前，先手动转动机械臂一圈（要按住机械臂上的按钮才能旋转，切勿强行扳动机械臂进行旋转），保证机械臂不会被 USB 线或气泵管缠绕卡住。

　　观察机械臂，正常情况下，机械臂会顺时针旋转到最大旋转角度，然后再旋转回来，直到机械臂垂直于 LEO 机身，并发出滴的一声，指示灯变绿，整个归零过程大概在 30s 内完成。完成此步骤，即为正常。

▶ 任务拓展

　　1）熟悉 ssh 工具的基本原理和基本用法。
　　2）完成 ROS 多机通信，并利用 ssh 工具将机器人的图形界面传递到 PC。
　　3）完成 LEO 机器人基本测试，并使用其他 launch 文件打开激光雷达或超声波。

任务 6.4　基于 ROS 系统的机器人 SLAM 算法和导航

▶ 任务目标

　　1）了解 SLAM 的基本定义、分类。
　　2）了解并实践基于激光雷达的 Gmapping 算法。
　　3）了解并实践基于视觉的 Cartographer 算法。
　　4）熟悉并实践机器人导航算法。
　　5）通过算法的实践，培养创新意识。

▶ 知识储备

一、SLAM 的基本定义

　　一般来说，机器人自主移动到指定位置的过程可以分解为定位、建图和路径规划 3 个任务，而 SLAM（Simultaneous Localization And Mapping，同时定位与地图构建）主要解决定位与建图问题。

　　SLAM 问题可以简单描述为：将一个移动设备（如机器人、无人机、手机、汽车、智能穿戴设备等）从一个未知环境中的未知位置出发，在运动过程中通过传感器（如激光雷达、相机等）观测定位自身位置和姿态，让移动设备一边移动一边以增量的形式描绘出此环境地图，从而达到同时定位和地图构建的目的。

　　定位用于估计机器人相对于地图的位姿（位置与姿态），建图是指机器人创建环境空间模型的过程。地图一方面可以帮助机器人配合自身的传感器进行实时定位，同时也用于后续展开行动时，导航过程的路径规划。

　　伴随着人工智能、无人驾驶、机器人等技术的蓬勃发展，SLAM 已成为实现无人驾驶汽车、物流配送小车、服务机器人、农业采摘机器人甚至是在外星球探索的祝融号和玉兔号等智能产品和大国重器的底层技术之一，AR、XR 和元宇宙等新兴技术也将 SLAM 技术视为关键。

二、SLAM 的分类

根据传感器的不同，SLAM 主要可分为基于激光的 SLAM 和基于视觉的 SLAM。

基于激光的 SLAM 方法较成熟且可信，能提供机器人本体与周围环境障碍物间的距离信息，能以较高精度检测出机器人周围障碍点的角度和距离，进而实现 SLAM、避障等功能。但激光雷达存在着价格昂贵、获取信息量有限（稀疏点云、无彩色信息）等缺点。基于视觉的 SLAM 是以相机为主要传感器的 SLAM 系统，相比于激光雷达，同样的检测相机成本低，且采集的图像信息比激光雷达的信息丰富，有利于后期的处理，但存在着计算量大、对环境假设强和易受干扰等缺点。

SLAM 是一个复杂的研究领域，涉及多领域关键技术，除上述基于传感器的分类方法外，还存在着多种分类方法，如图 6-24 所示。

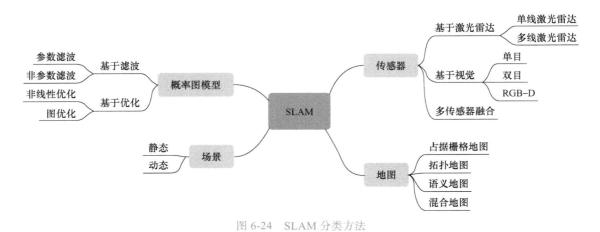

图 6-24　SLAM 分类方法

三、经典开源 SLAM 算法

1. Gmapping 算法

Gmapping 算法是一个基于 2D 激光雷达使用 RBPF（Rao-Blackwellized Particle Filters）算法完成二维栅格地图构建的 SLAM 算法。其优点是可以实时构建室内环境地图，在较小场景中计算量少，且地图精度较高，同时对激光雷达扫描频率要求较低。但随着环境增大，构建地图所需的内存和计算量就会变得巨大，因此 Gmapping 算法不适合大场景构图。

2. Cartographer 算法

Cartographer 算法是 Google 推出的一套基于图优化的激光 SLAM 算法，它同时支持 2D 和 3D 激光 SLAM，可以跨平台使用，支持 Lidar、IMU、Odemetry、GPS、Landmark 等多种传感器配置。它是目前落地应用最广泛的激光 SLAM 算法之一。Cartographer 算法采用基于 Google 开发的 Ceres 非线性优化的方法，基于 Submap 子图构建全局地图的思想，能有效避免建图过程中环境中移动物体的干扰，并能天然的输出协方差矩阵、后端优化的输入项。

四、自主导航

自主导航是指在已知初始位置和目标位置的基础上，移动机器人能够自主寻找一条从初始位置到目标位置的可行路径。想获得理想可行路径，移动机器人需能够实时地明确自身的位姿和目标点的位姿。

SLAM 解决了定位和建图问题，自主导航解决了路径规划问题。自主导航以 SLAM 算法为基础，二者结合方可实现智能机器人的自主运动。

▶ 工程实践

一、基于激光雷达的 Gmapping 算法构建地图

本实践基于集成 Gmapping 算法的 ROS 功能包，在 LEO 上基于 G1 雷达实践 Gmapping 算法。

1）下载 ros gmapping包，并把算法包放置到工程包里。放置目录为：～/home/leo/src/mapping。该步骤是在 LEO 机器人中进行。

给工程包中的所有文件"777"的权限，并重新编译，命令如下：

```
LEO：$ cd ～/dashgo_ws
LEO：$ chmod 777 leo –R
LEO：$ catkin_make
LEO：$ source devel/setup.bash
```

2）PC 端远程进入 LEO 机器人，并在 LEO 机器人中启动建图 launch 文件，命令如下：

```
PC：$ ssh eaibot@192.168.31.200
LEO：$ roslaunch dashgo_nav gmapping_imu.launch
```

3）在计算机 PC 端启动 rviz（可视化），观察建图过程，命令如下：

```
PC：$ export ROS_MASTER_URI=http：//192.168.31.200：11311
PC：$roslaunch dashgo_rviz view_navigation.launch
```

4）启动键盘操作，命令如下：

```
PC：$ssh eaibot@192.168.31.200
LEO：$cd ～/leo_ws
LEO：$source devel/setup.bash
LEO：$rosrun dashgo_tools teleop_twist_keyboard.py
```

5）地图保存。

建好图后，使用如下命令保存地图到规定的 maps 文件夹中。

```
PC：$ssh eaibot@192.168.31.200
LEO：cd ～/dashgo_ws
LEO：source devel/setup.bash
LEO：roscd dashgo_nav/maps
LEO：rosrun map_server map_saver –f eai_map_imu
```

保存的地图会生成 eai_map_imu.png 图片和 eai_map_imu.yaml 配置文件。
图 6-25 为 Gmapping 算法完成的建图。

二、使用激光雷达完成导航任务

本实践中，使用建好的地图利用激光雷达完成
导航任务。

1）启动 roscore，命令如下：

PC：$ roscore

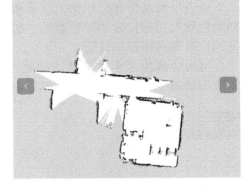

图 6-25　Gmapping 算法完成的建图

2）启动 LEO 机器人中的导航 launch 文件，
命令如下：

PC：$ eaibot@192.168.31.200
LEO：$ roslaunch dashgo_nav navigation_imu_2.launch

3）在计算机 PC 端启动 rviz 可视化，观察地图和机器人移动过程，命令如下：

PC：$export ROS_MASTER_URI=http：//192.168.31.200：11311
PC：$roslaunch dashgo_rviz view_navigation.launch

4）设置机器人起点位置。rviz 打开后显示机器人默认所在的位置是栅格的中心点，
不一定是机器人实际所在的位置，因此需要检查并设置起点位置，当激光数据与地图重合
时则起点位置正确。

如图 6-26 所示，在 rviz 上设置机器人起点位置，单击 rviz 上的"2D Pose Estimate"
按钮，然后根据机器人实际位置，在地图相应位置上单击（保持按下鼠标），并拖动鼠标
设置好机器人正确方向，其中绿色箭头方向即表示机器人方向。

5）设置目标点。在调整好机器人的位置和姿势后，单击"2D Nav Goal"按钮，
并在地图中选择目的地，机器人则会自动规划路径并绕过地图中的障碍物，如图 6-27
所示。

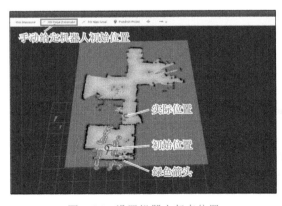

图 6-26　设置机器人起点位置

图 6-27　使用激光雷达导航过程

注意：该功能必须在 LEO 机器人上添加计算机 PC 端的名称和 IP；计算机 PC 端添加
LEO 机器人的名称和 IP。

▶ 任务拓展

1）熟悉 SLAM 的分类方法，并将 Gmapping、Cartographer 算法进行归类。

2）使用 Gmapping 算法构建室内环境地图。

3）完成 ORB-SLAM2 的安装，并利用源码安装的方法安装 Cartographer 算法和 ORB-SLAM3 算法。

4）在 LEO 机器人上基于激光雷达完成导航，并尝试在其他地图中完成导航算法。

任务 6.5　基于 ROS 系统的机器人移动抓取

▶ 任务目标

1）了解 Dobot Magician 机械臂坐标系。

2）会安装 RosStudio 软件。

3）能实现 LEO 机器人移动抓取。

▶ 知识储备

机械臂是机器人技术领域中实际应用最广泛的一种自动化机械装置，在工业制造、医学治疗、娱乐服务、军事、半导体制造以及太空探索等领域都能见到它的身影。尽管它们的形态各有不同，但它们都有一个共同的特点，就是能够接受指令，精确地定位到三维（或二维）空间上的某一点进行作业。Dobot Magician 是世界上第一台桌面级 4 轴机器人。它可以执行广泛的任务，例如 3D 打印、激光雕刻、书法和绘画。它提供了 13 个接口端口，支持二次开发。

Dobot Magician 由底座、大臂、小臂、末端工具等组成，外观如图 6-28 所示。

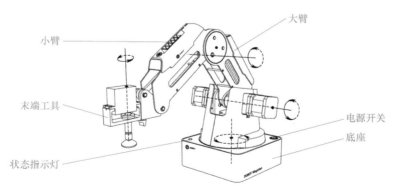

图 6-28　Dobot Magician 的外观

Dobot Magician 的坐标系可分为关节坐标系和笛卡尔坐标系。

1. 关节坐标系

它是以各运动关节为参照确定的坐标系如图 6-29 所示。

1）若 Dobot Magician 未安装末端套件，则包含 3 个关节：J_1、J_2、J_3，且均为旋转关节，逆时针为正。

2）若 Dobot Magician 安装带舵机的末端套件，如吸盘和夹爪套件，则包含 4 个关节：J_1、J_2、J_3 和 J_4，均为旋转关节，逆时针为正。

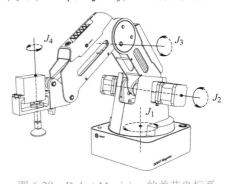

图 6-29　Dobot Magician 的关节坐标系

2. 笛卡尔坐标系

它是以机械臂底座为参照确定的坐标系，如图 6-30 所示。

坐标系原点为大臂、小臂以及底座 3 个电动机三轴的交点。

1）X 轴方向垂直于固定底座向前。

2）Y 轴方向垂直于固定底座向左。

3）Z 轴符合右手定则，垂直向上为正方向。

4）R 轴为末端舵机中心相对于原点的姿态，逆时针为正。当安装了带舵机的末端套件时，才存在 R 轴。R 轴坐标为 J_1 轴和 J_4 轴坐标之和。

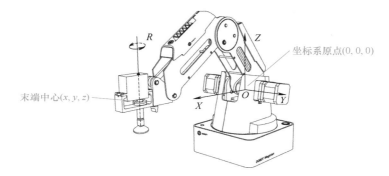

图 6-30　Dobot Magician 的笛卡尔坐标系

▶ 工程实践

一、安装 RosStudio 依赖

在 PC 端计算机的终端中输入下面命令行，来完成依赖的安装。

$sudo apt–get install expect ctags libgl1–mesa–dev libffi–dev autoconf automake libtool curl make g++ unzip openssl libssh2–1–dev libssl–dev

若系统没有 openssl 功能包，需要自行安装该包，即下载 openssl–1.1.0g。下载完成后，需要把压缩包进行解压，并执行以下命令：

$ ./config
$ make
$ sudo make install

安装完依赖库后执行命令：sudo ldconfig 刷新系统环境。

二、安装并运行 RosStudio

首先将安装文件放在用户目录下（如：/home/eaibot），并赋予安装包执行权限并安装，命令如下：

```
$ sudo chmod 777 RosStudio.run
$ ./RosStudio.run
```

安装完成后，将在用户目录生成 RosStudio 文件夹，即程序主目录。

执行命令 $ cd ～ /RosStudio 进入程序主目录，再使用命令 ls 查看程序主文件夹的文件。其中，RosStudio.sh 为程序启动脚本，此时安装过程结束。

在程序主目录（～ /RosStudio）执行命令：$ ./RosStudio.sh。启动之后进入主界面即安装成功，如图 6-31 所示。

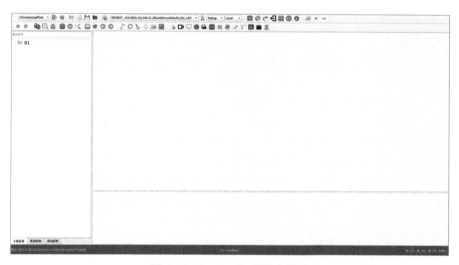

图 6-31　RosStudio 运行主界面

三、校准机械臂

1. 连接 LEO 机器人

首先，确定 ROS 机器人开机。然后，将 PC 的 WiFi 连接到该 ROS 机器人。单击 RosWinodws 主界面的 图标，进入 ROS 机器人连接配置界面，如图 6-32 所示。然后，输入机器人配置信息后，单击"增加"，添加完成后单击"ok"按钮，最后点击图中的 EAI。

图 6-32　配置界面

2. 机械臂复位

归零前请先确保机械臂在旋转一周的过程中不会被线扯住，如果出现 USB 线、气泵管扯到机械臂使其无法正常转动，请先整理接线。单击"机械臂归零"按钮，如图 6-33 所示，机械臂将进行转动归零，归零成功时，机械臂发出'滴'的一声提示，且指示灯变绿。归零完成后，单击"Go Home 位"，使机械臂回到待命位置。

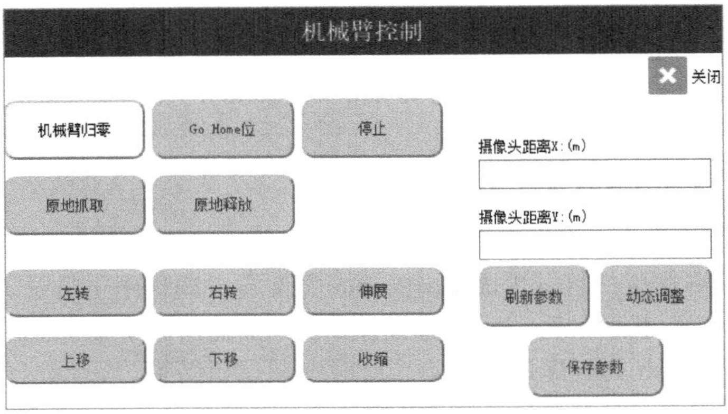

图 6-33　机械臂控制界面

注意：如果在使用过程中机械臂出现卡顿的现象，需要重新归零。

3. 机械臂微调

机器臂使用时，需要进行微调。通过抓取二维码的方式进行微调，在机器臂的气泵后方摆好"抓取盒"，放好二维码，如图 6-34 所示。

通过图 6-33 机械臂控制界面中的"原地抓取"功能进行测试，机械臂坐标轴如图 6-35 所示，正常情况，机械臂应在 A 点吸取二维码，如果是在 B、C、D、E 点吸取二维码则需要调整参数。例如机器臂在 B 点吸取二维码，则进行如下操作进行调整，首先单击"机械臂控制"界面中"刷新参数"功能，在"摄像头距离 Y：（m）"中将参数调大，然后单击"保存参数"按钮，再进行"原地抓取"测试，直到抓取位置基本在 A 附近即可。

图 6-34　微调摆放

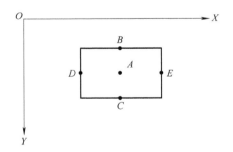

图 6-35　机械臂坐标轴

4. 构建地图

如机器人之前没有地图，则需要新建地图；如有地图，则选择已有地图即可。如图 6-36 所示，首先单击左上角"启动建图"按钮，然后单击左下角的前后左右箭头控制小车走一个回环，最后单击右上方"保存地图"并命名。在控制小车移动时，如果机器人只能前后移动不能左右移动，则修改参数设置，给行走速度和转动速度一个初值，比如 0.5。

5. 创建抓取点与释放点

在 LEO 机器人控制台建好地图后，使用"设置"中的"设置初始位置"功能在地图中设定机器人的初始位置。当激光数据与地图的边缘重合时，初始化设置成功，如图 6-37 所示。

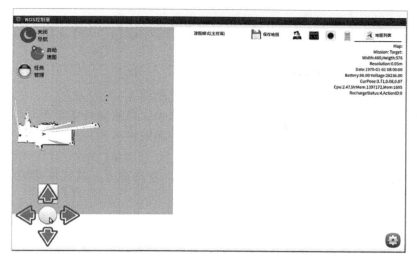

图 6-36　ROS 控制台界面

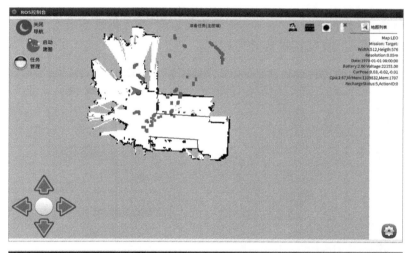

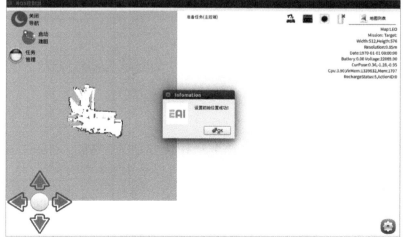

图 6-37　设置初始位置

机械臂和 LEO 底盘校准完成后，添加移动抓取的资源点。

单击控制平台右下角"设置"图标，选择"添加资源"，进入资源添加界面，如图 6-38 所示。资源点的类型分为：

1）普通导航目标点。

2）充电点（在任务中增加充电点，可以完成自动回充）。

3）释放点（当机器人在此位置时，从托盘抓取物体释放到外部平台）。

4）抓取点（当机器人在此位置时，从外部平台抓取物体到托盘）。

抓取点的创建，控制台操作流程：

1）遥控或者手动将 LEO 机器人搬动到放置抓取盒的地方，将抓取盒放到机器人的后方 5～10cm 处，然后给机器人校准一下当前位置。

2）依次单击"增加资源点"→"抓取点（3）"→"获取当前位置"→"使用默认值"→"增加资源点"，输入名称 A 并保存。

释放点的创建，控制台操作流程：

1）遥控或者手动将 LEO 机器人搬动到放置抓取盒的地方，将抓取盒放到机器人的后方 5～10cm 处，然后给机器人校准一下当前位置。

2）依次单击"增加资源点"→"释放点（2）"→"获取当前位置"→"使用默认值"→"增加资源点"，输入名称 B 并保存。

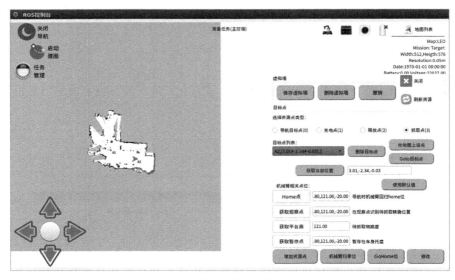

图 6-38　资源添加界面

6. 创建移动抓取任务

控制台的任务管理中，主要包含 3 个动作，分别为：Wait、GotoTarget、Moving，Wait 是原地等待，GotoTarget 是导航到目标点（可以是任何类型的资源点），Moving 是直线行走。图 6-39 所示为控制台任务管理界面。

创建移动抓取任务的方法如下：

1）在控制台界面，单击"任务管理"按钮。

2）在"任务管理"界面单击"新建任务"按钮，并输入任务名称。

3）组织任务顺序：A1（抓取）→ B1（释放）。

4）选择参数"循环"，即可实现在两个平台之间来回抓取释放。

5）单击"保存任务"按钮。

6）在"任务列表"选择该任务，单击"执行任务"按钮，则运行该任务。

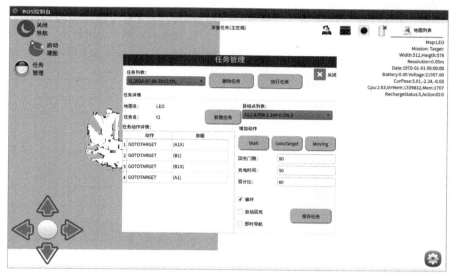

图 6-39　控制台任务管理界面

▶ 任务拓展

1）完成 RosStudio 软件在计算机上的安装。

2）完成 Dobot Magician 机械臂在控制台的校准工作。

3）完成抓取点、释放点的创建，及移动抓取任务的创建。

参 考 文 献

[1] 熊蓉，王越，张宇，等 . 自主移动机器人 [M]. 北京：机械工业出版社，2021.

[2] 黄建峰，李珺，史延枫 .SolidWorks 2022 完全实战技术手册 [M]. 北京：清华大学出版社，2022.

[3] 王晓华，李珣，卢健，等 . 移动机器人原理与技术 [M]. 西安：西安电子科技大学出版社，2022.

[4] 刘伏志，朱有鹏 .ROS 机器人编程零基础入门与实践 [M]. 北京：机械工业出版社，2022.

[5] 陈海初，谢小辉，熊根良 .ARM 嵌入式技术及移动机器人应用开发 [M]. 北京：清华大学出版社，2019.